Im Auftrag des

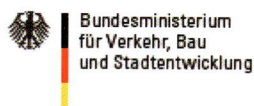
Bundesministerium
für Verkehr, Bau
und Stadtentwicklung

Forschungsbericht FE-Nr.: 96.0957/2010/

# Zukunft von Mobilität und Verkehr

Auswertungen wissenschaftlicher Grunddaten,
Erwartungen und abgeleiteter Perspektiven des
Verkehrswesens in Deutschland

Projektleiter:

Prof. Dr.-Ing. Gerd-Axel Ahrens

Bearbeiterin:

Dipl.-Ing. Ute Kabitzke

Lehrstuhl Verkehrs- und Infrastrukturplanung

Technische Universität Dresden

Prof. Dr.-Ing. Gerd-Axel Ahrens

November 2011

Die diesem Bericht zugrunde liegenden Arbeiten wurden im Auftrag des Bundesministers für Verkehr, Bau und Stadtentwicklung (BMVBS) - Forschungsbericht FE-NR.: 96.0957/2010 - durchgeführt. Die Verantwortung für den Inhalt liegt allein bei den Autoren.

Impressum

Herausgeber:
Fakultät Verkehrswissenschaften „Friedrich List"
Der Technischen Universität Dresden
November 2011

Projektleitung:
Prof. Dr.-Ing. Gerd-Axel Ahrens

Redaktion:
Irmgard Wagner

Gestaltung:
Dipl.-Ing. Ute Kabitzke

Gestaltung Umschlag:
Universitätsmarketing, Kerstin Müller

Druck:
addprint AG, Possendorf

ISBN:
978-3-86780-252-9

Mitautorin und Mitautoren:

Prof. Dr.-Ing. Bernard Bäker
(Lehrstuhl für Fahrzeugmechatronik)

Prof. Dr.-Ing. habil. Hartmut Fricke
(Lehrstuhl für Technologie und Logistik des Luftverkehrs)

Dr. Ralph Körfgen
(Deutsche Bahn AG, Leiter Konzernentwicklung, Berlin)

Prof. Dr. phil. habil. Bernhard Schlag
(Lehrstuhl für Verkehrspsychologie)

Prof. Dr.-Ing. Arnd Stephan
(Lehrstuhl für elektrische Bahnen)

Prof. Dr. oec. habil. Ulrike Stopka
(Lehrstuhl für Kommunikationswirtschaft)

Prof. Dr. rer. pol. habil. Bernhard Wieland
(Lehrstuhl für Verkehrswirtschaft und Internationale Verkehrspolitik)


In Zusammenarbeit mit:

Prof. Dr. Dr. h.c. (em.) Gerd Aberle
(Universität Gießen)

Dr. Norbert Bensel
(TransCare und Gründungsrektor der Hochschule für Internationale Wirtschaft und Logistik, Wiesbaden)

Peter Gerber
(Lufthansa Cargo AG, Vorstand Finanzen und Personal, Frankfurt am Main)

Alexander Möller
(DB-Stadtverkehr GmbH, Frankfurt am Main)

Wolfgang Müller-Pietralla
(Leiter Zukunftsforschung und Trendtransfer, Volkswagen AG,
Wolfsburg)

Helma Orosz
(Präsidentin des europäischen Städtenetzwerkes POLIS und
Oberbürgermeisterin der Landeshauptstadt Dresden)

Prof. Dr. Dr. Franz-Josef Radermacher
(Forschungsinstitut für anwendungsorientierte Wissensverar-
beitung/n, Ulm)

# I. Inhaltsverzeichnis

## II. Abbildungsverzeichnis

# III. Tabellenverzeichnis

# Vorwort

Im Februar 1950 wurde am Standort Dresden erstmals eine eigenständige verkehrswissenschaftliche Fakultät an der damaligen Technischen Hochschule gegründet. Die heutige Fakultät Verkehrswissenschaften "Friedrich List" der Technischen Universität Dresden und ihr Förderverein, das Friedrich-List-Forum, würdigten diesen Anlass im Rahmen des 9. Friedrich-List-Symposiums "Zukunft des Verkehrs - 60 Jahre Verkehrswissenschaften in Dresden" am 11./12. November 2010 sowie mit der Herausgabe der Jubiläumsschrift "Die Dresdner Schule der Deutschen Verkehrswissenschaften" (Autor: Dr. oec. habil. Ralf Haase).

Das Symposium „Zukunft des Verkehrs – 60 Jahre Verkehrswissenschaften in Dresden", das unter der Schirmherrschaft von Frau Oberbürgermeisterin Helma Orosz im Dresdner Rathaus stattfand, richtete den Blick zunächst auf die Geschichte der Verkehrswissenschaften. Herr Dr. Ralf Haase stellte die historischen Bezüge und Entwicklungen dar. Dabei wurde das Wirken ausgewählter Persönlichkeiten von Friedrich List über Hans Reingruber und Gerhard Potthoff bis hin zu den heute aktiven Verkehrswissenschaftlern reflektiert. Mit ihrem systemhaften und verkehrsträgerübergreifenden Ansatz waren die Verkehrswissenschaften in Dresden ihrer Zeit immer einen Schritt voraus.

Sodann sprachen 7 namhafte externe Referenten und 7 Ko-Referenten aus der Dresdner Fakultät Verkehrswissenschaften "Friedrich List" über das Thema "Zukunft von Mobilität und Verkehr". Ein bemerkenswerter Einstieg in die Fragestellungen des Symposiums ermöglichte den ca. 130 Teilnehmern Herr Prof. Dr. Dr. Franz-Josef Radermacher, Forschungsinstitut für anwendungsorientierte Wissensverarbeitung/n. Er betonte, wie sehr die Verkehrsbranche von den globalen Entwicklungen bestimmt wird.

Vor dem Hintergrund der weltweiten Urbanisierung sind Städte und Stadtregionen zunehmend die zentralen Lebensräume der Menschen und des wirtschaftlichen Austauschs und damit zentraler Ansatzpunkt für die Betrachtung der Zukunft der Mobilität. Helma Orosz, Oberbürgermeisterin der Landeshauptstadt Dresden und zur Zeit Präsidentin des europäischen Verkehrsnetzwerkes (POLIS), benannte in Ihrem Vortrag die zentralen Herausforderungen der europäischen Städte.

Herr Wolfgang Müller-Pietralla, Leiter der Zukunftsforschung und Trendtransfer bei der Volkswagen AG in Wolfsburg, erörterte in seinem Beitrag die neuen Entwicklungsstrategien der Automobilbranche bzgl. neuer Fahrzeuge und Mobilitätskonzepte.

Über die künftigen Entwicklungsschwerpunkte des Luftverkehrs sprach Herr Peter Gerber, Vorstandsmitglied des Ressort Finanzen und Personal der Lufthansa Cargo AG in Frankfurt/Main.

Auch für Herrn Dr. Norbert Bensel, Gründungsdirektor der Hochschule für Internationale Wirtschaft und Logistik und Aufsichtsratmitglied der Unternehmensberatung TransCare in Wiesbaden, ist der gesamte Transport- und Logistikbereich Motor für die europäische Wirtschaft. Er ging u. a. auf das Wachstum des internationalen Handels, die Rolle der Schiene im Logistikbereich und Deutschland als Logistikstandort ein.

Herr Alexander Möller, Leiter Markt und Verkehr bei der DB Stadtverkehr GmbH in Frankfurt/Main und Herr Dr. Ralph Körfgen, Leiter Konzernentwicklung bei der Deutschen Bahn AG in Berlin, erörterten die Auswirkungen der derzeit diskutierten Megatrends (Globalisierung, Ressourcenverknappung/Klimaveränderungen, demografische Veränderungen sowie Liberalisierung der Märkte) auf dem ÖPNV- und Schienenverkehrsmarkt.

Mit einem markanten Schlusswort von Herrn Univ.-Prof. (em.) Dr. Dr. h. c. Gerd Aberle, Professor für Industrieökonomie, Wettbewerbspolitik und Regulierung, Fachbereich Wirtschaftswissenschaften an der Justus-Liebig-Universität Gießen, wurde das 9. Friedrich-List-Symposium beendet.

Ein Vertreter des Bundesministeriums für Verkehr, Bau und Stadtentwicklung eröffnete das Symposium mit einem Grußwort und bat den Lehrstuhl für Verkehrs- und Infrastrukturplanung, eine Auswertung aktueller Prognosen und Szenarien des Verkehrs aufzubereiten und in einen Bericht zur Zukunft von Mobilität und Verkehr auch die Ergebnisse des Symposiums einfließen zu lassen.

Wir freuen uns, ein Jahr nach der denkwürdigen Veranstaltung, diese besondere Auswertung der Fachöffentlichkeit vorlegen zu können.

Neben dem Dank an das Bundesministerium für Verkehr, Bau und Stadtentwicklung gilt auch den nachstehend aufgelisteten Sponsoren der besondere Dank der Fakultät Verkehrswissenschaften „Friedrich List" der Technischen Universität Dresden:

- Deutsche Bahn AG, DB Stadtverkehr GmbH, Frankfurt/Main
- Bombardier Transportation GmbH, Hennigsdorf
- Die Gläserne Manufaktur von Volkswagen, Dresden
- Berufsgenossenschaft für Transport und Verkehrswirtschaft, Hamburg
- BMB Group, München
- Deutsche Verkehrswissenschaftliche Gesellschaft e.V., Berlin
- Flughafen Dresden GmbH, Dresden

- Dresdner Verkehrsbetriebe AG, Dresden
- DREWAG Stadtwerke Dresden GmbH, Dresden
- Entwurfs- und Ingenieurbüro Straßenwesen GmbH, Dresden
- Gesellschaft von Freunden und Förderern der Technischen Universität Dresden, Dresden
- Hübner GmbH, Kassel
- ISC AG, Stuttgart
- Lufthansa Cargo AG, Frankfurt/Main
- Nahverkehrsservice Sachsen-Anhalt GmbH, Magdeburg
- Verkehrsverbund Oberelbe GmbH, Dresden

Dresden, im November 2011

Prof. Dr.-Ing. Gerd-Axel Ahrens

# 1. Einleitung

Zu Beginn des Jahrtausends wurden in Deutschland vor allem mit der Bundesverkehrswegeplanung 2003 die Eckpunkte bzgl. Zukunftserwartungen im Verkehr fixiert und die Weichen für die Verkehrsinfrastrukturplanung des Bundes gestellt. Es wurde zwischen 1997 und 2015 von einem Wachstum der Verkehrsleistung des Personenverkehrs zwischen 18 und 21 % und des Güterverkehrs von 58 % ausgegangen[1]. Darauf aufbauend wurden 2007 (Basisjahr 2004) als vorläufige Grundlage für Aktualisierung und Fortschreibung der BVWP die „Prognose deutschlandweiter Verkehrsverflechtungen 2025" mit immer noch hohen Wachstumserwartungen beim Personen- und Güterverkehr von 18 und 70 % vorgelegt[2].

Die Weltwirtschaftskrise und weltweite Entwicklungen haben neue Randbedingungen geschaffen. Hinzu kommen Bevölkerungsrückgang und Einflüsse aus dem demographischen Wandel. Es gibt vor allem deutliche Anzeichen bzgl. eines gestiegenen Umweltbewusstseins und eines Wertewandels bei jungen Menschen mit Blick auf ihre Einstellung zum Auto und ihre Anforderungen an Mobilitätsdienstleistungen. Auch die Zahl der Haushalte ohne Pkw ist in den letzten Jahren angestiegen. Hinzu kommt die ambitionierte Politik der Bundesregierung, nach der im Sektor Verkehr 40 Mio. t. $CO_2$-Emissionen reduziert werden sollen. Neben fahrzeugtechnischen Maßnahmen und Veränderungen beim Treibstoff sind auch die zurzeit zu beobachtenden Veränderungen im Verkehrsverhalten zur Erreichung der Minderungsziele hilfreich und erforderlich.

Im Rahmen dieser Untersuchung wurden ausgehend von den o. g. Erwartungen und vorliegenden Prognosen aktuelle Befunde und Trends zur Mobilität von Personen und zur Güterverkehrsnachfragenachfrage beleuchtet, die eine Einordnung und den Vergleich der Ergebnisse der „Prognose deutschlandweiter Verkehrsverflechtungen 2025" gestatten.

Sodann wurden exemplarische Erwartungen, Kurskorrekturen und Handlungserfordernisse für die Bereiche
- Städte und Kommunen
- Öffentlicher Personennahverkehr
- Eisenbahnverkehr
- Automobilbranche
- Luftverkehr
- Güterverkehr und Wirtschaft

---

[1] Die reale Entwicklung lag zwischen 1997 und 2008 für die Verkehrsleistung des Personenverkehrs bei +7 % und für den Güterverkehr bei +18 % (vgl. BMVBS (Hrsg.)/DIW (2009))

[2] Real stagnierte der Personenverkehr in der Summe von 2004 bis 2008, wobei der MIV um 2 % abnahm. Der Güterverkehr nahm von 2004 bis 2008 um 17 % zu (vgl. BMVBS (Hrsg.)/DIW (2009)). Inzwischen wurde eine neue Prognose für die BVWP vom BMVBS ausgeschrieben und vergeben.

[2] HAASE (2010)

zusammengestellt und kommentiert, wie sie auf dem 9. Friedrich-List-Symposium „Zukunft des Verkehrs – 60 Jahr Verkehrswissenschaft in Dresden" am 11. und 12. November 2010 in Dresden beleuchtet und intensiv diskutiert wurden. Ein Teil der Ergebnisse und Einschätzungen des Symposiums wurde in diesem Bericht aufgegriffen und in den Kapiteln 2, 5 und im Anhang dargestellt.

Die Entwicklung von Forschung und Lehre im Bereich Verkehr wurde in der Jubiläumsschrift zum 60. Gründungsjahr der ersten eigenständigen verkehrswissenschaftlichen Fakultät in Dresden dokumentiert[3]. Zunehmend wichtig wird die breite verkehrsträgerübergreifende Betrachtung von Mobilität und Verkehr, um integrierte Konzepte und Maßnahmen zu entwickeln sowie den sparsamen Gebrauch von Ressourcen und Nachhaltigkeit zu gewährleisten. Hierzu enthält die Jubiläumsschrift wertvolle Hinweise.

---

[3] HAASE (2010)

## 2. Entwicklung der Rahmenbedingungen für Mobilität und Verkehr weltweit

Was wird Mobilität und Verkehr in der Zukunft maßgeblich charakterisieren? Die Beantwortung dieser Frage durch eine isolierte Betrachtung des Sektors Verkehr wäre unzureichend. Denn die künftigen Rahmenbedingungen von Mobilität und Verkehr werden maßgeblich durch globale Entwicklungen und Trends bestimmt. Im Fokus der öffentlichen Diskussion und auch im Rahmen des 9. Friedrich-List-Symposiums vielfach erwähnt wurden Megatrends wie Demographie, Klimawandel und Ressourcenknappheit sowie Globalisierung und Liberalisierung. Sie setzen Rahmenbedingungen für die Herausforderung, eine globale, nachhaltige Entwicklung auch für den Sektor Verkehr anzustreben.

Eine verlässliche Voraussage der Entwicklung dieser Megatrends ist wegen der hohen Anzahl der Einflussfaktoren, die sich zusätzlich gegenseitig beeinflussen, nicht möglich bzw. mit sehr großen Unsicherheiten behaftet. Um diese Unsicherheiten einzugrenzen, aber auch zu verdeutlichen, wird häufig auf die Szenariotechnik zurückgegriffen. Ausgehend von der Kenntnis, dass es nicht möglich ist, heute genaue Aussagen über Ereignisse und Entwicklungen zu treffen, die in der Zukunft liegen, werden in Form von Szenarien mehrere denkbare Entwicklungspfade konzipiert. Das Ergebnis ist eine Vielzahl von Zukunftsbildern, die sich durch die getroffenen Annahmen der Entwicklung von Einflussfaktoren unterscheiden. Auf diese Weise wird der künftige Gestaltungs- und Entwicklungsspielraum definiert (s. Abbildung 1). Dieser bildet die wertvolle Grundlage für die Entscheidungsfindung, indem mögliche Konsequenzen heutiger Entscheidungen bei unterschiedlichen Rahmenbedingungen aufgezeigt werden, um möglichst „robuste" Maßnahmen zu entwickeln, die auch bei unterschiedlichen Rahmenbedingungen ihren Nutzen entfalten können.

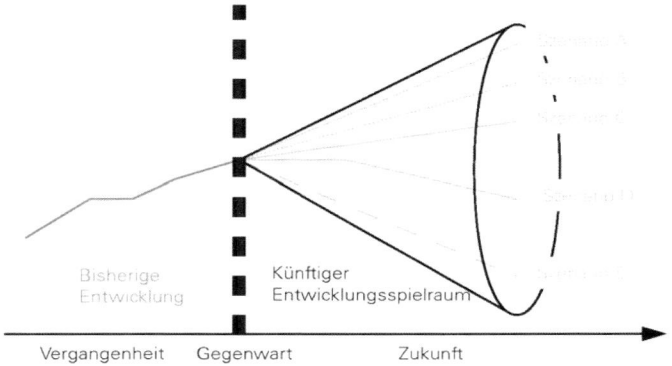

Abbildung 1: Szenariotechnik[4]

---

[4] Eigene Darstellung basierend auf GRAF/KLEIN (2003)

Die Szenariotechnik findet heute in vielen Fachrichtungen Anwendung, so dass eine große Anzahl an Studien verfügbar ist. Bedingt durch die unterschiedliche Schwerpunktsetzung, die nicht zuletzt auch der Perspektive der unterschiedlichen Branchen geschuldet ist, variieren die beschriebenen Visionen der Zukunft.

Mit diesem Projekt wurden anhand einer Auswahl von Szenarien grundsätzliche Tendenzen der Entwicklung in Bezug auf die beschriebenen Megatrends aufgezeigt. Zunächst erfolgte eine knappe Vorstellung ausgewählter Studien zu globalen Entwicklungen mit den entwickelten Szenarien. Die anschließende Gliederung der Szenarien nach den schwerpunktmäßige Annahmen, Marktwirtschaft/technologische Innovationen, politische Einflussnahme, Wertewandel sowie Konflikte ermöglicht eine Einschätzung der Bedeutung dieser Aspekte für die künftige globale Entwicklung. Am Ende dieses Kapitels werden die Ergebnisse bzgl. globaler Entwicklungstrends zusammengefasst und ein Ausblick für den Sektor Verkehr präsentiert.

## 2.1. Aktuelle Herausforderung einer nachhaltigen Entwicklung

Momentan leben rund 6,9 Mrd. Personen auf der Erde (Stand Mitte 2010)[5]. Die UN prognostiziert für 2050 eine Bevölkerungszahl zwischen 7,4 und 10,6 Mrd. Dabei wird erwartet, dass die Bevölkerungsdynamik maßgebend von den Entwicklungsländern getragen wird, deren Bevölkerung innerhalb von 50 Jahren um 58 % wächst, während im gleichen Zeitraum die Industrienationen nur um 2 % zunehmen[6]. Für Deutschland wird sogar von einer Abnahme der Einwohnerzahlen ausgegangen.

Während der Anteil der Entwicklungsländer an dem Bevölkerungswachstum hoch ist, ist ihr Beitrag zur Weltwirtschaft noch sehr gering. In der Vergangenheit konnte eine zunehmende, globale Verflechtung vieler Bereiche des gesellschaftlichen Lebens beobachtet werden. Politische Entscheidungen über eine Liberalisierung der Märkte ebneten vor allem für Verflechtungen des Handels den Weg. Dies führte global betrachtet zu einem stetigen Wirtschaftswachstum, an dem jedoch nicht alle Menschen auf der Welt teilhaben. Rund 70 % des Welt-Bruttoinlandsproduktes entfallen auf die ökonomisch entwickelten Staaten[7]. Das Resultat stellt eine große Disparität, einhergehend mit Arbeitslosigkeit, Armut und Hungersnot in vielen Teilen der Welt dar.

Immense Unterschiede zwischen den Staaten zeigt auch die nähere Betrachtung der Umweltbelastungen. RADERMACHER (2010) beschreibt es als Paradoxon, dass scheinbar eine enge Korrelation besteht zwischen dem ökonomischen Gewicht von Staaten und Personen mit der Fähigkeit, große Umweltbelastungen zu erzeugen

---

[5] Entnommen: http://www.census.gov/main/www/popclock.html (abgerufen am 04.02.2011)

[6] Vgl. UNITED NATIONS DEPARTMENT OF ECONOMIC AND SOCIAL AFFAIRS/POPULATION DIVISION

[7] Entnommen: UNCTAD (2010) S.424

und große Mengen von Ressourcen verbrauchen zu können. Dies widerspräche nicht der Tatsache, dass industrielle Prozesse der ökonomisch entwickelten Länder dank technischem Fortschritt immer sauberer würden. Problematische Prozesse würden vielmehr ausgelagert, sodass die Umweltbelastungen woanders anfallen[8].

Momentan liegt der ökologische Fußabdruck[9] des Menschen global betrachtet bei ca. 2,7 gha/Person[10]. Dabei beträgt die Biokapazität, d. h. die Fähigkeit der Erde Rohstoffe zu erzeugen und Schadstoffe abzubauen, lediglich 1,8 gha/Person und ist damit niedriger als der Bedarf der Menschen. Während der ökologische Fußabdruck in den Industrieländern deutlich über der genannten Kapazität liegt (z. B.: Deutschland: 4,72 gha/Person, USA: 7,99 gha/Person), ist er in weniger entwickelten Ländern sogar niedriger (Indien: 0,91gha/Person)[11]. RADERMACHER (2010) schließt aus dieser Ungleichheit, dass der Lebensstil der reichen Länder nur möglich ist, weil die Mehrheit der Menschen arm ist und verhältnismäßig geringe Umweltbelastungen verursachen[12]. Um eine Fortsetzung des heutigen Lebensstandards zu ermöglichen, wäre nach der Vorstellung des ökologischen Fußabdruckes eine Fläche erforderlich, die um 50 % größer ist als die auf der Erde verfügbare.

Dieses Zusammenspiel aus demographischen, ökonomischen wie auch ökologischen Entwicklungen definiert die Herausforderung einer nachhaltigen Entwicklung. Es stellt sich die drängende Frage, ob es in Zukunft gelingen wird, die beschriebene natürliche Grenze allein durch technische Innovationen und Effizienzsteigerung zu überwinden oder ob ergänzend auch eine Änderung des menschlichen Verhaltens unumgänglich ist. Welches Maß an politischer Einflussnahme ist erforderlich, um zum einen die Ressourcen zu schützen und zum anderen auch allen Menschen einen fairen Zugang zu gewährleisten?

Wir stehen heute an sogenannten „Tipping Points", an denen die Entwicklung in die eine oder andere Richtung kippen kann. Im Bild der Entwicklungspfade entspricht dies einer Wegegabelung, an der sich entscheidet, welche Richtung eingeschlagen wird. Dies hängt nicht zuletzt maßgeblich von politischen und unternehmerischen Entscheidungen ab, die heute getroffen werden. Einen wichtigen „Tipping-Point" stellt die Diskussion internationaler Klimaschutzziele bspw. das Auslaufen des Kyoto-Protokolls im Jahr 2012 dar.

Die Szenarien, die im Folgenden vorgestellt werden, zeigen potenzielle Richtungen der künftigen Entwicklung auf und geben mögliche Antworten auf die oben umrissenen Fragen.

---

[8] Vgl. Vortrag im Wortlaut

[9] Der ökologische Fußabdruck beschreibt die erforderlichen Fläche für den Erhalt von Lebensstil und Lebensstandard eines Menschen. Er wird in der Einheit Giga-Hektar pro Person ausgedrückt (gha/Person).

[10] Entnommen: GLOBAL FOOTPRINT NETWORK (2010), Stand 2007

[11] Entnommen: GLOBAL FOOTPRINT NETWORK (2010) S. 28, Stand 2007

[12] Vgl. Vortrag im Wortlaut (Anlage 3)

## 2.2. Vorstellung ausgewählter Studien

### 2.2.1. Leben und Mobilität nach 2030

Im Rahmen des 9. Friedrich-List-Symposiums stellte Herr Prof. Dr. Dr. Radermacher unter dem Titel „Leben und Mobilität nach 2030" drei globale Szenarien vor. Neben einem *Business-as-usual*-Szenario, das zu einem fundamentalen Kollaps führen wird, präsentierte er zwei Anpassungsszenarien. Das erste, die *Brasilianisierung*, beschreibt eine Anpassung der Mehrheit der heute reichen Menschen an das Niveau der Armen. Eine alternative Form der Anpassung stellt die Annäherung der armen Bevölkerung an das Niveau der Reichen dar (*Neue Balance*)[13].

### 2.2.2. The Century Ahead: Searching for Sustainability

Das Tellus Institut ist eine gemeinnützige Organisation mit Sitz in Boston, die auf Strategien für eine globale, nachhaltige Entwicklung spezialisiert ist. Unter dem Titel „The Century Ahead: Searching for Sustainability" präsentierte es 2010 vier Szenarien. Diese wurden entsprechend Abbildung 2 kategorisiert in konventionelle Szenarien (Conventional World: *Market Forces* und *Policy Reform*) und alternatve Szenarien (‚Alternative World': *Fortress Wolrd* und *Great Transition*)[14].

Abbildung 2: Conventional World (links), Fortress World (mitte), Great Transition (rechts)[15]

Das Szenario *Market Forces* wird bestimmt durch ein hohes Vertrauen in die freie Marktwirtschaft als Treiber für Wachstum der Wirtschaft und der Bevölkerungszahlen. Herausforderungen dieses Szenarios sind die schlechte Verfügbarkeit von Ressourcen sowie Ungleichheiten zwischen und innerhalb der Länder.

*Policy Reform* basiert auf der Annahme, dass, resultierend aus einem massiven Eingriff durch die Politik, globale Ziele einer nachhaltigen Entwicklung erreicht werden.

Das Szenario *Fortress World* stellt einen möglichen Entwicklungspfad dar, falls die Marktanpassung bzw. politische Reform der beiden Szenarien der ‚Conventional World' sich als unzureichend für eine Stabilisierung erweisen. Es basiert auf der Annahme, dass die starken Weltmächte durch entsprechende Anweisungen im Angesicht einer schlimmen Krise, Eliten den Rückzug in geschützte En-

---

[13] Vgl. Vortrag im Wortlaut (

[14] Vgl. RASKIN/ELECTRIS/ROSEN (2010)

[15] Entnommen: http://www.tellus.org/ (abgerufen am 03.02.2011)

klaven ermöglichen, während die verarmten Massen draußen bleiben. Der Versuch ökologischen Krisen durch technologischen Fortschritt und sozialen Konflikten mit dem Militär zu begegnen, erweist sich in diesem Szenario als erfolglos und das Ziel einer nachhaltigen Entwicklung wird verfehlt.

Das vierte Szenario, *Great Transition*, beschreibt einen Wandel der gesellschaftlichen Werte mit einer zunehmenden Bedeutung von Solidarität, ökologischer Belastbarkeit und Lebensqualität. Der Lebensstil der Menschen bei diesem Szenario ist weniger auf Konsum als auf Kreativität, Freizeit, Beziehungen und Gemeinschaft ausgerichtet.

### 2.2.3.  Global Environment Outlook (GEO4)

Im Jahr 2007 veröffentlichte das United Nations Environment Department den vierten Global Environment Outlook (GEO4). Aus Beobachtungen der Entwicklung und Interaktion unterschiedlicher ökologischer Aspekte in den vergangenen 20 Jahren wurden hier vier Szenarien der zukünftigen Entwicklung abgeleitet (vgl. Abbildung 3)[16].

Abbildung 3: Market First (o. li.), Policy First (o. re.), Security First (u. li.), Sustainability First (u. re.)[17]

Das Szenario *Market First* basiert auf der Annahme, dass der Markt sowohl ökonomische, soziale als auch umwelttechnische Fortschritte bewirken wird und demzufolge der private Sektor auch in Bereichen, die bisher eher von der Regierung gesteuert wurden, an Bedeutung gewinnt.

Das Szenario *Policy First* hingegen beschreibt den Ansatz durch einen hohen Grad der Zentralisierung eine Balance zwischen ökonomischem Wachstum und sinkenden sozialen und ökologischen Schäden zu schaffen.

Im Szenario *Security First* nimmt die Sicherheit an Bedeutung zu und die übrigen Faktoren rücken in den Hintergrund. Hier wird angenommen, dass zunehmende Restriktionen u. a. Migrationen und Handel einschränken und das Leben auf der Erde (zumindest in einigen Teilen) durch Konflikte, die Regierungsvollmacht und  den Ressourcenmangel bestimmt wird.

---

[16] Vgl. UNITED NATIONS ENVIRONMENT DEPARTMENT (2007)

[17] Entnommen: UNITED NATIONS ENVIRONMENT DEPARTMENT (2007)

Nachhaltigkeit stellt die Priorität in dem Szenario *Sustainability First* dar. Es wird unterstellt, dass auf allen Ebenen die Berücksichtigung sowohl sozialer als auch ökologischer Bedürfnisse im Vordergrund steht.

## 2.2.4. Climate futures – responses to climate change in 2030

Das Forum for the Future ist eine Organisation, die in Zusammenarbeit mit Unternehmen unterschiedlicher Branchen und auch dem öffentlichen Sektor Strategien für nachhaltige Entwicklung ausarbeitet. In Kooperation mit Hewlett Packard Labs konzipierte es fünf Szenarien, die in dem Bericht „Climate futures – responses to climate change in 2030" veröffentlicht wurden (vgl. Abbildung 4)[18].

Abbildung 4: Efficiency First (o. li.), Service Transformation (o. mitte), Redefining Progress (o. re.), Environmental War Economy (u. li.), Protectionist World (u. re.)[19]

Das Szenario *Efficiency First* beruht auf der Annahme, dass die Herausforderungen einer nachhaltigen Entwicklung durch eine starke Innovationsdynamik einhergehend mit deutlichen Effizienzsteigerungen und neuen Technologien ohne Veränderungen der Lebensstile adressiert werden. Auch die Marktwirtschaft wird von der Kraft der Innovationen bestimmt, zunehmend innovative Unternehmensformen sind gefragt. Disparitäten zwischen arm und reich nehmen unter diesen Umständen zu.

Das Szenario *Service Transformation* beschreibt einen denkbaren Entwicklungspfad unter der Annahme, dass infolge hoher Energiepreise der Druck auf die Akteure der Wirtschaft so groß wird, dass diese kreative Lösungen zur Befriedigung der menschlichen Bedürfnisse hervorbringen. Dazu zählt auch, dass Unternehmen ihre Strategien an die neue Situation anpassen und vor allem Dienstleistungen an Bedeutung gewinnen.

Ein markanter Wandel der gesellschaftlichen Werte ist das Hauptmerkmal des Szenarios *Redifining Progress*. Zu den neuen Prioritäten zählen Gesundheit, Lebensqualität und Gemeinschaft. Es etabliert sich ein „Low-Impact-Lifestyle". Ökonomischer und sozialer

---

[18] Vgl. FORUM FOR THE FUTURE (2008)

[19] Entnommen: ebenda, S. 6-9

Belastbarkeit wird auch von Seiten der Regierung mehr Bedeutung beigemessen als dem Wirtschaftswachstum.

Scheitert allerdings eine Einigung im Rahmen des Kyoto-Prozesses und die Unterzeichnung eines globalen Vertrages würde erst erfolgen, wenn eine deutliche Verschlechterung der Umweltauswirkungen spürbar ist, könnte die globale Entwicklung charakterisiert werden, wie es das Szenario *Environmental War Economy* schildert. Hier gelingt die Einhaltung der Klimaschutzziele bis 2030 erst unter Auflage harter Restriktionen, die Menschen bezahlen dafür mit starken Einschränkungen bzgl. ihrer individuellen Freiheit und die Märkte würden bis zur Kapazitätsgrenze ausgereizt.

Das fünfte Szenario, *Protectionist World,* beschreibt eine Welt, in der die Globalisierung sich auf dem Rückzug befindet und eine Orientierung nach den lokalen Bedürfnissen stattfindet. Trotz Klimavereinbarung entstehen Vorwürfe bzgl. des Betruges und des Baus geheimer Kraftwerke. Dies führt zu einer Spaltung der Welt in protektionistische Blöcke mit deutlich geringerem weltweiten Handel und Verkehr.

## 2.3. Analyse der grundlegenden Annahmen der Szenarien

Welche dieser 16 beschriebenen Richtungen wird die globale Entwicklung einschlagen? Wir befinden uns momentan an einer Wegegabelung, an der sich entscheidet, in welcher Richtung es weitergehen wird.

Im Folgenden werden die Szenarien nach gemeinsamen Schwerpunkten gegliedert. Dadurch können mögliche Tipping-Points identifiziert und analysiert werden, um zu verdeutlichen, welche Folgen eine entsprechende Entscheidung heute für die Zukunft haben könnte.

Die Analyse der Szenarien führt zur Differenzierung folgender Schwerpunkte:

- *Marktwirtschaft/technologische Innovationen*: Der Schwerpunkt dieser Szenarien liegt auf einer freien Marktwirtschaft sowie raschem technologischen Fortschritt.
- *Politische Einflussnahme:* Mittels politischer Entscheidungen und Gesetzgebung werden in diesen Szenarien die Herausforderungen der globalen Entwicklung adressiert.
- *Wertewandel*: Die Werte-Szenarien beschreiben einen Wandel gesellschaftlicher Werte mit Etablierung eines „low-impact-Lifestyles".
- *Konflikte:* Unter dieser Rubrik werden Szenarien zusammengefasst, die durch Armut, Konflikte und sozialer Ungleichheit charakterisiert sind.

Eine eindeutige Zuordnung der beschriebenen Szenarien ist nicht in jedem Fall möglich, da die Charakterisierungsmerkmale sich z. T. gegenseitig beeinflussen und auch gleichzeitig gegeben sein können. Aus diesem Grund erfolgt teilweise auch eine mehrfache Zuordnung der Szenarien.

### 2.3.1. Schwerpunkt: Freie Marktwirtschaft/Technologische Innovationen

Eine zunehmende Deregulierung des Marktes und ein Wachstum des Exports sind maßgebliche Rahmenbedingung der Szenarien *Market Forces* (Tellus Inistitute) und *Market First* (GEO4). Beide Szenarien weisen ein Bevölkerungswachstum auf. Die Annahme des Szenario *Market Forces* (Wachstum um 40 % bis 2050) entspricht in etwa der oberen Grenze der oben erwähnten UN-Prognose. Ziele des Klimaschutzes und der Ressourcenschonung sind in diesen Szenarien dem wirtschaftlichen Wachstum untergeordnet, so dass u. a. $CO_2$-Emissionen und Ressourcenverbrauch weiter steigen (*Market First*)[20]. In Verbindung mit dem wirtschaftlichen Wachstum ist eine weitere Zunahme des Verkehrs zu erwarten, zumindest solange Transportkosten und Ressourcen dies gestatten.

Im Oktober 2006 erstellte der ehemalige Chefökonom der Weltbank Nicholas Stern im Auftrag der britischen Regierung den „Stern Review: The Economics of Climate Change", in dem er die wirtschaftlichen Folgen des Klimawandels diskutiert. Während die oben skizzierten Szenarien einen Widerspruch zwischen wirtschaftlichem Wachstum und dem Erreichen von Klimaschutzzielen beschreiben, birgt nach STERN (2006) gerade die Bekämpfung des Klimawandels ein hohes Wachstumspotenzial. Dies begründet er durch ein rapides Wachstum der Märkte alternativer Technologien und Prozesse sowie den guten Entwicklungschancen der Finanzmärkte[21].

Ein hohes Vertrauen in den technologischen Fortschritt zur Überwindung der natürlichen Grenzen ist der Schwerpunkt der Szenarien *Efficiency First* (Forum for the Future) und *Fortress World* (Tellus Institute). Das Forum for the Future, erwartet, dass dies zu einer Ausreizung der Kapazitätsgrenzen der Erde führt. Die Ziele einer ökologisch nachhaltigen Entwicklung werden auch im Szenario *Fortress World* verfehlt. Klimawandel und Verluste von Lebensraum sind die Folgen[22]. Des Weiteren sind soziale Ungleichheiten Merkmale beider Szenarien. Im Szenario *Fortress World* wird beschrieben, dass eine Elite geschützt in Enklaven lebt, während die Mehrheit der Bevölkerung außen vor bleibt[23].

### 2.3.2. Schwerpunkt: Politische Einflussnahme

Die Szenarien beruhen auf der Annahme, dass den Herausforderungen wie z. B. durch den demographischen und den Klimawandel

---

[20] Vgl. UNITED NATIONS ENVIRONMENT DEPARTMENT (2007), S. 406

[21] Vgl. STERN (2006), S. 270

[22] Vgl. RASKIN/ELECTRIS/ROSEN (2010), S. 2630

[23] Vgl. ebenda

mit politischen Entscheidungen und Regulierungen zu begegnen ist: *Neue Balance* (Radermacher), *Policy Reform* (Tellus Institute), *Policy First* (GEO4).

Gemäß des Szenarios *Policy Reform* ist es möglich, durch massive Einflussnahme der Regierungen die globalen Ziele der Nachhaltigkeit zu erreichen. Neben der Stabilisierung des Klimas und der Reduktion der Umweltverschmutzung erfolgt in diesem Szenario eine Annäherung der armen Länder an das Niveau der reichen. Einen solchen Anpassungsprozess beschreibt RADERMACHER (2010) in dem Szenario *Neue Balance* und betont dabei die dringende Notwendigkeit einer globalen Einigung auf die Realisierung einer nachhaltigen Entwicklung im Rahmen einer ökosozialen Marktwirtschaft. Auch das Szenario *Policy First* beschreibt einen ganzheitlichen, globalen Regulierungsansatz als Voraussetzung für die Realisierung der unterschiedlichen Aspekte des Umweltschutzes. Es ist zu erwarten, dass unter diesen Umständen der Verkehr zu einem teueren und knapper werdenden Gut wird.

Das Szenario *Environmental War Economy* beschreibt eine mögliche Entwicklung, wenn eine Einigung nach Kyoto scheitert und die Regierungen erst beginnen Maßnahmen zu ergreifen, wenn die Auswirkungen des Umweltschutzes deutlich spürbar sind. Unter solchen Voraussetzungen sind die zu ergreifenden Maßnahmen sehr streng, so dass die Bevölkerung starke Einschränkungen bzgl. ihrer persönlichen Freiheit in Kauf nehmen muss, um die Klimaschutzziele zu erreichen[24].

### 2.3.3. Schwerpunkt: Wertewandel

Sowohl *Great Transition* (Tellus Institute) als auch *Redefining Progress* (Forum for the Future) beschreiben einen grundlegenden Wandel der gesellschaftlichen Werte. Dieser wird charakterisiert durch eine stärkere Gewichtung von Lebensqualität und Wohlbefinden; es etabliert sich ein neuer nachhaltiger Lebensstil („low-impact-lifestyle"), der u. a. durch sozialen Zusammenhalt sowie weniger Konsum geprägt ist. Das Streben nach wirtschaftlichem Wachstum verliert in diesem Zusammenhang an Bedeutung[25]. Das Szenario *Sustainability First* (GEO4) beschreibt einen Paradigmenwechsel auf allen Ebenen, bei dem eine nachhaltige Entwicklung prioritäres Ziel ist[26].

In allen aufgeführten Szenarien, die eine Wende der Werte einhergehend mit einem veränderten Verhalten der Bevölkerung beschreiben, wird der Notwendigkeit effektiver, staatlicher Regulierungen eine große Bedeutung beigemessen. Diese sind auch in dem Szenario *Neue Balance* zwingende Voraussetzung für den dort beschriebenen Wertewandel. RADERMACHER (2010) schildert, dass es auch bei Annäherung der armen Menschen an das Niveau der Reichen zu einem geringen Wachstum des Wohlstandes der Reichen

---

[24] Vgl. FORUM FOR THE FUTURE (2008), S. 8

[25] Vgl. ebenda, S. 7 sowie RASKIN/ELECTRIS/ROSEN (2010), S. 2630

[26] Vgl. UNITED NATIONS ENVIRONMENT DEPARTMENT (2007), S. 410

käme, dieser jedoch dematerialisiert sein werde, statt bspw. Flugreisen oder Steaks werden eher Wellness und Coaching erschwinglich sein. Er nennt dies die „Wiederentdeckung der Langsamkeit".

Einen ähnlichen Prozess eines veränderten Konsumdenkens beschreibt das Szenario *Service Tranformation* (Forum for the future). Um die Bedürfnisse der Menschen auch bei stark steigenden Energiepreisen zu befriedigen, wird in diesem Szenario angenommen, dass die Wirtschaft zahlreiche kreative Lösungen hervorbringt. Diese sind vor allem dadurch charakterisiert, dass vermehrt Dienstleistungen statt Produkte zum Kauf angeboten werden. Dieser neue Lebensstil wird hier als „Share-With-Your-Neighbour-Ethos" bezeichnet. Ein Beispiel in diesem Kontext ist Car- und BikeSharing, wenn der Besitz eines privaten Pkw bzw. Rades weniger wirtschaftlich ist.

## 2.3.4.  Schwerpunkt: Konflikte

Die folgenden Szenarien beschreiben eine Welt, die durch Ungleichheit und Konflikte geprägt wäre: *Fortress World* (Tellus Institute), *Brasilianisierung* sowie *Fundamentaler Kollaps* (Radermacher) und *Protectionist World* (Forum for the Future).

Wachsende Disparitäten beschreiben die Szenarien *Fortress World* (Tellus Institute) und *Brasilianisierung* (Radermacher), in denen sich Macht sowie der Zugang zu Ressourcen weltweit auf wenige Eliten konzentriert. Das Ergebnis sind Armut und Hungersnot der Mehrheit der Menschen. Während RADERMACHER (2010) annimmt, dass sich u. a. das Klimaproblem von alleine löst, wenn die Mehrheit der heute reichen Menschen weder Fleisch isst noch Auto fährt[27], spielen Ressourcenknappheit und Klimawandel in dem Szenario *Fortress World* weiterhin eine große Rolle[28].

Eine Welt, die von Terror und Krieg charakterisiert ist, beschreiben die Szenarien *Protectionist World* (Forum for the Future) sowie *Fundamentaler Kollaps* (Radermacher). Unter Annahme einer Fortsetzung heutiger Lebensgewohnheiten (Busines-As-Usual) erwartet RADERMACHER (2010) in 20 bis 30 Jahren das Erreichen natürlicher Grenzen, das in Kämpfe um Ressourcen, massive Preissteigerungen sowie u. U. sogar Terror und Bürgerkrieg resultieren wird.

Auch das Tellus Institute zieht einen Kampf um Ressourcen in Erwägung (*Fortress World*), wenn die Klimavereinbarung infolge von Betrug (z. B. dem Bau heimlicher Kraftwerke) scheitert und die Welt in einzelne protektionistische Blöcke spaltet. Als Resultat werden auch in diesem Szenario Preissteigerungen, Massenarmut und Hungersnöte genannt.

---

[27] Vgl. Vortrag im Wortlaut (Anhang 3)

[28] RASKIN/ELECTRIS/ROSEN (2010), S.2630

## 2.4. Fazit und Ausblick für den Sektor Verkehr

Die Vorstellung der unterschiedlichen Szenarien hat eine große Bandbreite vorstellbarer Entwicklungspfade gezeigt. Diese reicht von einer Welt, die durch Bürgerkrieg und den Kampf um die letzten Ressourcen geprägt ist, bis hin zu einer Welt, in der alle Menschen gleichberechtigt Zugang zu den verfügbaren Ressourcen haben und mit diesem verantwortungsvoll umgehen.

In allen Studien wird eine entsprechende Regierungsstruktur als wichtige Rahmenbedingung für eine nachhaltige Entwicklung genannt. RADERMACHER (2010) misst einer solchen „Global Governance" eine hohe Wirkungsmacht bei. Das künftige Potenzial technologischer Innovationen schätzt er vergleichsweise gering ein und verweist diesbezüglich auf deren Janusköpfigkeit, die in der Vergangenheit beobachtet werden konnte. Denn der technische Fortschritt bewirke in der Regel eine massive Erhöhung der Ökoeffizienz oder der Ressourcenproduktivität, die sich allerdings nur auf die Einheit der Wertschöpfung beziehe. Bisher sei ein solcher technischer Fortschritt immer mit einer Ausdehnung und Vergrößerung der Wertschöpfungen verbunden gewesen, sodass in der Summe der Ressourcenverbrauch absolut in dem Maß zunimmt, wie wir pro Einheit immer besser werden. Das heißt „die Menschheit verbraucht die meisten Ressourcen mit der besten Technik in Bezug auf die Ressourcenproduktivität, die sie je hatte" [29].

Des Weiteren demonstriert die Analyse der Szenarien, dass neben der Regulierungsstruktur eine Veränderung der Lebensgewohnheiten der Mehrheit der Menschen im Sinne einer nachhaltigen Entwicklung erforderlich ist. Eine solche Veränderung kann durch gesetzliche Kontrollinstrumente erzwungen werden (*Policy First*, GEO4); denkbar ist jedoch auch ein grundlegender Wandel der gesellschaftlichen Werte, der von den Menschen ausgeht und sich in einem veränderten Konsum- und Umweltverhalten widerspiegelt (*Great Transition*, Tellus Institute). Wobei auch letztere eine entsprechende, unterstützende Gesetzgebung voraussetzen.

Die Zukunft von Mobilität und Verkehr wird durch die Entwicklungspfade bestimmt, die durch Demographie, Umwelt und Wirtschaft vorgegeben werden. Daher lassen sich aus der Szenariobetrachtung auch Folgerungen für den Sektor Verkehr ableiten. Sollte sich künftig ein starkes Wirtschaftswachstum einstellen, wie die Szenarien mit dem Schwerpunkt ‚freie Marktwirtschaft' beschreiben, wäre auch eine Zunahme des Verkehrs zu erwarten. Allerdings weisen viele Stimmen auf Grenzen der verkehrserzeugenden Wirkungen in Deutschland und weiten Teilen Europas hin. Dieses sei durch eine momentan zu beobachtende weltweit arbeitsteilige Produktion und eine starke Abhängigkeit vom Import geprägt. Die Schwellenländer werden jedoch zunehmend autark und unabhängig von Lieferungen aus den Industrieländern[30].

---

[29] Zitiert aus Mitschrift des Vortrages (Anhang 3); vgl. auch KAPITZA (2006) sowie NEIRYNCK (2001)

[30] Entnommen: Schlussvortrag Prof. Aberle (Universität Gießen) am 9. Friedrich-List-Symposium am 12.11.2010, Vgl. auch Kap. 6

Als wichtiger Abnehmer von Energie und als Verursacher von Emissionen ist der Sektor Verkehr stark von Ressourcenverfügbarkeit und Restriktionen zum Klimaschutz abhängig. Mittelfristig (laut RADERMACHER (2010) bereits in 20 bis 30 Jahren) werden die natürlichen Grenzen erreicht, wenn keine gravierenden Veränderungen eintreten. Ein bewusster Umgang mit natürlichen Ressourcen und die Reduktion von Energieverbrauch sind demnach zentrale Herausforderungen. Mit dem vermehrten Einsatz erneuerbarer Energien und Effizienzsteigerungen sind bereits heute Versuche erkennbar, der Ressourcenknappheit zu begegnen. Allerdings zeigt die Analyse der Szenarien, dass bei wirtschaftlichem Wachstum technologischer Fortschritt allein vermutlich nicht in der Lage sein wird, die Herausforderung, die u. a. der Klimawandel darstellt, zu bewältigen. Für diese schwierige Aufgabe sind vielmehr eine aktive Beteiligung politischer Akteure sowie eine gravierende Veränderung der Lebensgewohnheiten der Menschen wichtige Voraussetzungen.

Im Folgenden werden die branchenspezifischen Rahmenbedingungen sowie aktuelle empirische Befunde und Trends detailliert beleuchtet und dabei auch die Einschätzung von Experten aus der Praxis herangezogen.

# 3. Ursachen und Hintergründe aktueller empirischer Befunde und Trends zu Mobilität und Verkehr in Deutschland

Es wurde deutlich, dass die Entwicklung von Mobilität und Verkehr in Deutschland abhängig ist von der globalen Entwicklung und nicht umgekehrt. Nachdem mögliche globale Zukunftspfade umrissen wurden und damit allgemeine Rahmenbedingungen der Entwicklung von Mobilität und Verkehr, richtet sich der Fokus nun auf die Entwicklung von Mobilität und Verkehr in Deutschland. In Kapitel 5 werden ergänzende Einschätzungen und Strategien aus Sicht der Verkehrsträger und Kommunen, wie sie auf dem 9. Friedrich-List-Symposium vorgestellt wurden, wiedergegeben.

## 3.1. Fehlende Finanzierung

Zu knappe Budgets der öffentlichen Haushalte haben spürbare Auswirkungen auf viele Bereiche des gesellschaftlichen Lebens. Für die Verkehrsinfrastruktur führen fehlende finanzielle Mittel zu einem Investitionsrückstand. Die Überprüfung der Bedarfspläne für die Bundesfernstraßen ergab dafür bereits 49 Mrd. Euro[31]. Hinzu kommen die offenen Investitionen der Straßen in der Baulast der Kommunen und Länder. Der Investitionsbedarf für kommunale Straßen wird auf 122,4 Mrd. Euro eingeschätzt, von denen knapp 58 % Ersatzmaßnahmen sind[32]. Nicht nur die Erweiterung der Verkehrsnetze wird zunehmend schwierig, die Mittel reichen schon heute nicht für die Erhaltung der bestehenden Infrastruktur[33]. Denkbare Folgen dieser Unterfinanzierung sind u. a. höhere Folgekosten für erforderliche Ersatzmaßnahmen wegen versäumter Instandhaltung, Komforteinbuße und Nutzungseinschränkungen bis zu vollständigen Sperrungen. Damit können Verschlechterung der Leistungsfähigkeit von Strecken und Knoten, der Erreichbarkeit und damit Wettbewerbsfähigkeit von Standorten einher gehen. Auch die Sicherheit wird durch die große Zahl von Baustellen, Einengungen und Langsamfahrstellen beeinträchtigt[34].

In den vergangenen Jahren führte die Neuverteilung von Aufgaben zwischen Bund und Ländern im Rahmen der Förderalismusreform zu starken Veränderungen bei der öffentlichen Verkehrsfinanzierung. In Zukunft wird muss einem weiteren Rückgang der verfügbaren finanziellen Mittel bei den Kommunen für den Sektor Verkehr gerechnet werden. Bis 2006 wurde die Finanzierung von Verkehrsprojekten auf kommunaler Ebene durch Finanzhilfen des Bundes unterstützt, was im GVFG geregelt war. Seitdem erhalten die Länder als Ersatz nur noch für eine Übergangszeit Mittel aus dem Bundeshaushalt (EntflechtG). Die Zweckbindung dieser Bundesmittel

---

[31] Vgl. BMVBS (2010), S. 3

[32] Aus REIDENBACH/BRACHER/GRABOW et al. (2008), S. 303

[33] Vgl. auch PÄLMANN (2009)

[34] Vgl. BLUM/BOTH/DENZIGER et al. (2007)

zur Finanzierung von Investitionen für kommunale Verkehrsanlagen wird 2013 aufgehoben und ab 2019 werden sie ganz entfallen (§6 EntflechtG). Es ist noch nicht absehbar, wie im Anschluss die Finanzierung der kommunalen Verkehrsinfrastruktur gesichert wird.

Auch der demographische Wandel beeinflusst die öffentliche Finanzlage in ungünstiger Weise. Infolge der prognostizierten Bevölkerungsverluste und der Verschiebung der Altersstruktur steigt die Anzahl der Personen, die auf Leistungen des Staates angewiesen sind, und mit Ihnen die Ausgaben. Gleichzeitig sinkt die Zahl der Einwohner, die Abgaben leisten, und somit die Höhe der Einnahmen des Staates bzw. die Pro-Kopf-Belastung der erwerbstätigen Bevölkerung [35].

Der finanzielle Druck auf den Kommunen ist besonders dramatisch vor dem Hintergrund der wachsenden Kosten für die Erfüllung steigender Pflichtabgaben, aber auch der Anforderungen des Klimaschutzes. Im Rahmen des 9.Friedrich-List-Symposiums stellte Oberbürgermeisterin Orosz Strategien und Handlungsempfehlungen der sächsischen Landeshauptstadt Dresden im Umgang mit den finanziellen Engpässen vor (Vgl. Abschnitt 0, S. 54).

Die in Abbildung 5 (S. 17) dargestellte Preisindexentwicklung seit 2000 zeigt, dass die Kosten des ÖPNV für den Verbraucher in den letzten Jahren deutlich stärker gestiegen sind als die des Kraftfahrzeugverkehrs. Dieser Sachverhalt steht noch im Widerspruch zur politischen Absicht, den ÖPNV zu fördern und zu den Erwartungen der meisten Prognostiker, dass der MIV in den nächsten Jahren im Preis deutlicher anziehen wird als der ÖPNV. Deren Erwartungen gehen z. T. von einen Paradigmenwechsel der Verkehrspolitik durch eine Anpassung der Preise an die tatsächlichen Kosten aus. Während dieses Konzept für die Bundesschienen- und Wasserwege nach Einschätzungen von PÄLMANN/ERDMENGE/HEENE et al. (2000) schwierig umsetzbar erscheint, wäre zumindest für die Straßen eine Umstellung von der Haushalts- auf die Nutzerfinanzierung relativ schnell möglich[36]. Die Dringlichkeit einer Internalisierung externer Kosten des Straßenverkehrs („die richtigen Preise finden") betont auch die Europäische Kommission[37].

Es ist davon auszugehen, dass die Vorteile einer möglichst breit anzusetzenden Nutzerfinanzierung von der Politik zunehmend erkannt werden. Neben der Deckung des tatsächlichen Finanzbedarfes und der Unabhängigkeit von wechselnden Einflüssen auf die öffentlichen Haushalte zählt der direkte Bezug zwischen Benutzung, Bezahlung und Verwendung der Mittel über eine sachgerechte und differenzierte Anlastung der verursachten Kosten zu den Vorteilen der Nutzerfinanzierung. Hinzu kommen die Möglichkeiten zur Verkehrslenkung insbesondere durch Steuerung der Nachfrage über den Preis.

---

[35] Vgl. WINKEL (2003)

[36] Vgl. PÄLMANN/ERDMENGE/HEENE et al. (2000)

[37] Vgl. KOM (2008)

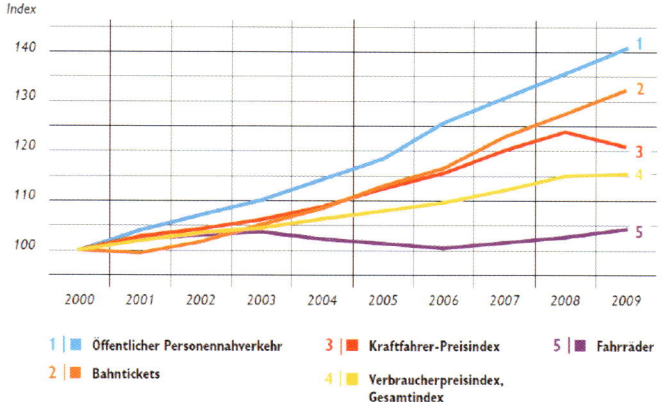

Abbildung 5: Preisentwicklung der Verkehrsträger[38]

## 3.2. Neue Rahmenbedingungen des Personenverkehrs

In Deutschland ist die Datengrundlage zum Personenverkehr recht gut. Es werden regelmäßig umfassende Haushaltsbefragungen durchgeführt. Sie werden im Folgenden vorgestellt. Anschließend werden ausgewählte Entwicklungen und Trends mit Auswirkungen auf den Personenverkehr beschrieben. Zu diesen zählen die Folgen demographischer Prozesse, Urbanisierungstendenzen sowie der Wertewandel in der Gesellschaft bezogen auf die Nutzung von Autos.

### 3.2.1. Vorstellung SrV und MiD

Das Verkehrsverhalten beim Personenverkehr in Deutschland wird regelmäßig über Haushaltsbefragungen ermittelt.

Das System repräsentativer Verkehrsbefragungen (SrV) wird seit 1972 vom Lehrstuhl für Verkehrs- und Infrastrukturplanung der TU Dresden mindestens alle fünf Jahre wissenschaftlich vorbereitet, begleitet und ausgewertet. Dabei handelt es sich um eine Haushaltsbefragung, in der neben Kenndaten zum Haushalt und zur Person die Wege an einem werktäglichen Stichtag u. a. nach Zweck, Verkehrsmittel, Zeit und Entfernung erfragt werden[39].

Im Auftrag des Bundesministeriums für Verkehr, Bau und Stadtentwicklung (BMVBS) wurde in den Jahren 1976, 1982 und 1989 die Kontinuierliche Erhebung zum Verkehrsverhalten (KONTIV) durchgeführt. Das Studiendesign wurde überarbeitet und unter dem Titel „Mobilität in Deutschland" (MiD) in den Jahren 2002 und 2008 erneut durchgeführt. Die Methode des MiD ist der des SrV ähnlich, so

---

[38] Aus RINGAT (2010a)

[39] Vgl. AHRENS/HUBRICH/LIEßKE et al. (2010) und AHRENS/LIEßKE/WITTWER (2010)

dass eine weitgehende Vergleichbarkeit dieser beiden unabhängig voneinander durchgeführten Großerhebungen besteht. Auf der Grundlage einer Studie zur Kompatibilität[40] werden seit 2002 MiD und SrV koordiniert geplant.

Im Auftrag des BMVBS werden seit 1994 zusätzlich mit dem deutschen Mobilitätspanel (MOP) jedes Jahr Informationen über das Verkehrsgeschehen und das Mobilitätsverhalten der Bevölkerung erhoben. Koordiniert wird diese Befragung durch das Karlsruhe Institute of Technology (KIT). Im Gegensatz zu SrV und MiD, die als Querschnitterhebungen an einem Stichtag durchführt werden, füllen im Rahmen des MOP als Längsschnitterhebung die Haushaltsmitglieder ein Tagebuch aus, das alle ihre Wege im Verlauf einer Woche enthält.

Im Jahr 2008 wurde die 9. SrV-Erhebung durchgeführt. Befragt wurden insgesamt 115.525 Personen in 74 Städten. Mit den Vorläuferjahrgängen kann für den SrV-Städtepegel die Entwicklung der erhobenen Mobilitätskennziffern im Zeitverlauf dargestellt werden. Die SrV-Ergebnisse beinhalten nur die Mobilitätskennwerte der Wohnbevölkerung einer Stadt. Nicht enthalten sind Kenndaten der Ziel- und Durchgangsverkehre sowie der Wirtschaftsverkehre.

Die Ergebnisse werden in Verkehrsplanung und Politik unterschiedlich genutzt. Vor allem dienen Sie der Modellierung des Verkehrsgeschehens. Das SrV ermöglicht einen methodisch sauberen Städtevergleich (Benchmarking) und Qualitätskontrollen. In dieser Studie sollen aktuelle Ergebnisse der Erhebung vorgestellt werden. Sodann erfolgt in Kapitel 4 eine Darstellung von Prognosen und Szenarien.

## 3.2.2. Demographischer Wandel

Im Unterschied zum weltweiten Wachstum der Bevölkerung auf 9 bis 10 Mrd. Menschen, wird in Deutschland von Bevölkerungsverlusten zwischen 11,9 und 17,4 Mio. Einwohner ausgegangen[41]. Hauptursache ist die geringe Geburtenrate. Laut Statistischem Bundesamt zeigen die Ergebnisse der laufenden Geburtenstatistik für das Kalenderjahr 2008 jedoch wieder einen leichten Anstieg der Geburtenziffer.

Während bezüglich der Geburtenziffer noch abzuwarten ist, ob die beobachtete geringe Trendwende zu einer nachhaltigen Veränderung des Geburtenverhaltens mit entsprechenden Konsequenzen für die Alterszusammensetzung der Bevölkerung führen wird[42], werden die Menschen in Deutschland immer älter. Die stark besetzten Jahrgänge aus den 1960er Jahre werden ab 2020 zunehmend das Rentenalter erreichen. Für sie ist von einer hohen Lebenserwartung auszugehen. Während heute ca. 20 % der Einwohner über 65 Jahre alt sind, werden es 2060 voraussichtlich zwischen 31 und

---

[40] Vgl. AHRENS/BADROW/LIEßKE (2002) sowie BADROW/LIEßKE/FOLLMER et al. (2002)

[41] Vgl. STATISTISCHES BUNDESAMT (2009)

[42] Entnommen: http://www.destatis.de (abgerufen am 04.02.2011)

38 % sein. Im SrV-Städtepegel stieg der Senioren-Anteil zwischen 2003 und 2008 von 18 auf 22 %.

Für den Sektor Verkehr bedeutet dies, dass Anzahl und Anteil der Verkehrsteilnehmer im Seniorenalter bei allen Verkehrsmitteln zunehmen werden. Dabei sind die altersgruppenspezifischen Anforderungen an die Gestaltung der Mobilitätsangebote und des Straßenraumes stärker zu berücksichtigen, da der Anteil der Senioren mit Pkw-Zugang deutlich stärker wächst. Zu diesen zählen u. a. Barrierefreiheit, Übersichtlichkeit, Erkennbarkeit, geringeres Geschwindigkeitsniveau und v. a. spezifische Anforderungen der Verkehrssicherheit. Erreichbarkeit, Sicherheit und Barrierefreiheit werden wichtiger als hohe Geschwindigkeiten. Hinzu kommt ein zunehmendes Interesse an der auch gesundheitsfördernden Nahmobilität, dem zu Fuß gehen und dem Radfahren[43].

Ebenso wirkt sich die beschriebene demographische Entwicklung auch auf die Raumstruktur aus[44]. Wegen der Erreichbarkeit der wichtigsten Versorgungseinrichtungen in städtischen Wohnlagen sind gerade bei älteren Menschen verstärkt Umzüge zurück in die Stadt mit fußläufiger Infrastrukturversorgung zu beobachten.

Als Ergebnis der oben vorgestellten Verkehrsbefragungen liegen detaillierte Ergebnisse zum Verkehrsverhalten differenziert nach verkehrssoziologischen Gruppen vor. Die Betrachtung der Kennziffern nach Altersklassen ermöglicht es, die zu erwartenden Auswirkungen der Verschiebung der Altersstruktur auf den Personenverkehr abzuschätzen.

So liegt das spezifische Verkehrsaufkommen der wachsenden Altersgruppe der Senioren deutlich unter dem Durchschnitt (3,0 – 3,5 Wege/P,d). Der starke Mobilitätsabfall der über 70jährigen erklärt einen Teil des rückläufigen mittleren Wegaufwandes, wie er 2008 gegenüber 2003 beobachtet wurde (Abbildung 7). Abbildung 6 zeigt, dass männliche Senioren mobiler als die Seniorinnen sind. Interessant ist auch die deutlich höhere tägliche Wegeanzahl von Frauen zwischen 20 und 50 Jahren. Sie fungieren im Haushalt stärker als Fahrerin des Familientaxi und übernehmen wahrscheinlich auch den größten Teil der Einkaufswege.

Die Senioren sind zwar in der Vergangenheit immer aktiver und „automobiler" (s. dazu Abschnitt 3.2.3) geworden, das Niveau ihrer täglichen Wegeanzahl und damit auch der Pkw-Fahrten sinkt ab ca. 70 Jahre dennoch deutlich unter das der Erwerbstätigen. Somit wirkt ihr zunehmender Anteil an der Bevölkerung auch künftig zunehmend dämpfend auf die Verkehrsleistung.

Da auch die zeitliche Verteilung der Wege der Senioren sich von der übrigen Bevölkerung unterscheidet - sie sind am häufigsten zwischen 10 und 12 Uhr unterwegs - trägt ihr Verhalten außerdem maßgeblich zur Reduktion der Spitzenstundenbelastung in den Städten bei.

---

[43] Vgl. KASPER (2007), ZUMKELLER (2004) sowie HOLZ-RAU, SCHEINER (2004)

[44] Vgl. FRIEDRICH (2008) sowie BERTRAM/ ALTROCK (2009), S.7

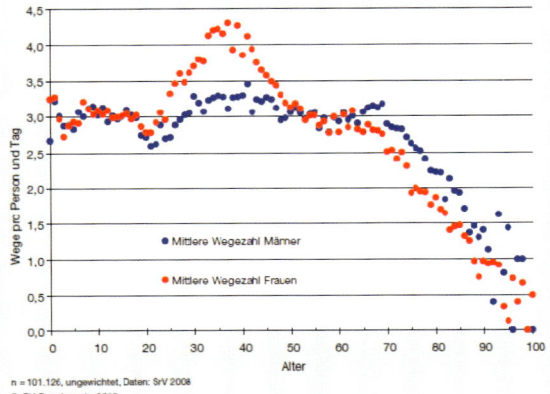

Abbildung 6: Mittlere Wegezahl nach Alter und Geschlecht[45]

### 3.2.3. Wertewandel bzgl. Autonutzung und Autobesitz

Die Zeitreihe der spezifischen Verkehrsleistung des SrV-Städtepegels zeigt, dass 2008 erstmals die Summe des Aufwandes für Wege über alle Verkehrsmittel nicht mehr gestiegen ist (s. Abbildung 7). Dies liegt hauptsächlich an einer geringeren Autonutzung im Jahr 2008 gegenüber 2003. In diesem Zeitraum ging die MIV-Fahrleistung der Wohnbevölkerung im SrV-Städtepegel von 20 auf 17 km pro Person und Tag zurück, was einer Abnahme von 15 % entspricht.

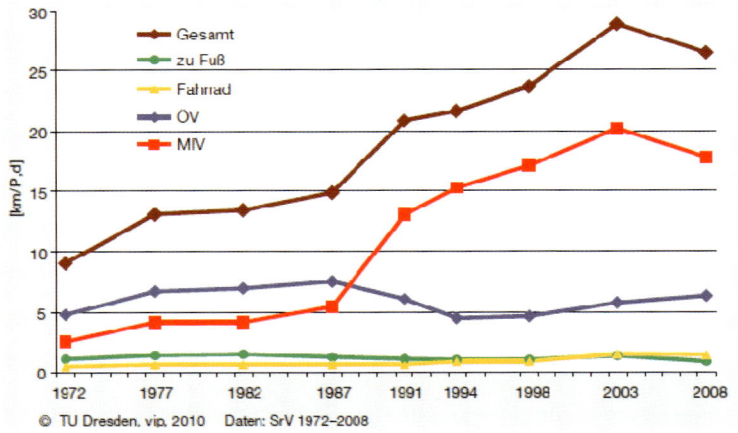

Abbildung 7: Entwicklung der spezifischen Verkehrsleistungen im SrV-Städtepegel[46]

---

[45] Entnommen: AHRENS/ LIEßKE/ WITTWER (2010), S.471

[46] Entnommen: AHRENS/LIEßKE/WITTWER (2010), S.268

Die prozentualen Veränderungen des Modal Splits (bezogen auf das Verkehrsaufkommen) im SrV-Städtepegel zeigen, dass der ÖPNV und der Radverkehr Zuwächse von 15 und 9 % verzeichnen, während die Anteile im Fußgänger- und Kfz-Verkehr um 4 und 5 % sinken.

Die MiD-Erhebung bestätigt den grundsätzlichen Trend einer Zunahme von Radverkehr und ÖPNV, allerdings in anderer Ausprägung. Bezogen auf den Modal Split stieg hier der Radverkehr am stärksten. Diese Abweichung rührt aus dem Unterschied der Stichproben des MiD und SrV; MiD erfasst auch die Wohnbevölkerung außerhalb von Städten, wo die ÖPNV-Qualität geringer und damit die Abhängigkeit vom Auto deutlich größer ist.

Es bleibt abzuwarten, ob die kommenden Durchgänge von SrV und MiD im Jahr 2013 bzw. 2016 diese neuen Trends bestätigen. Die heute schon auszumachenden Ursachen lassen dies vermuten. Zu diesen zählen neben den Effekten des demographischen Wandels auch eine zu beobachtende Veränderung der Einstellung der Gesellschaft zum Automobil (s. u.) sowie die zunehmende Attraktivität des Wohnens in der Stadt (Reurbanisierung, s. Abschnitt 3.2.4) und die Zunahme der Haushalte ohne Auto von 34 % auf 37 % im SrV-Städtepegel. In Berlin verfügen 45 % der Haushalte über kein Auto, in Leipzig sind es 42 %. Dies ist auch auf soziale und wirtschaftliche Gründe zurück zu führen.

Während für die Altersgruppe der Senioren in der Vergangenheit eine Zunahme der Pkw-Affinität beobachtet werden konnte[47] und infolge des Kohorteneffektes auch eine Fortsetzung dieser Entwicklung erwartet wird, weisen aktuelle Untersuchungen darauf hin, dass vor allem bei jungen Menschen das Auto seinen bisherigen Stellenwert verliert.

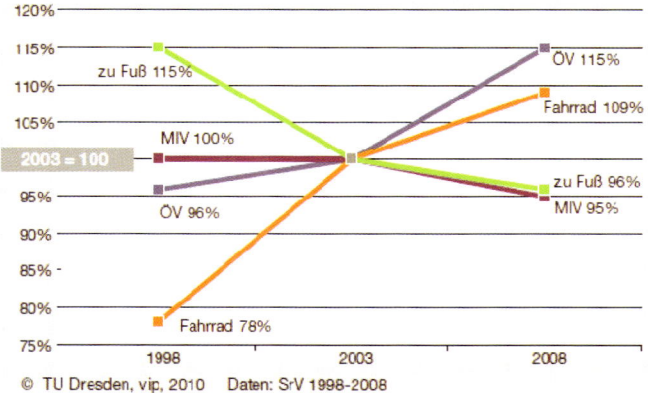

Abbildung 8: Veränderung der Verkehrsmittelwahl im SrV-Städtepegel[48]

[47] Vgl. INFAS/DLR

[48] Entnommen: AHRENS/LIEßKE/WITTWER (2010), S.268

In dieser Altersgruppe wird eine zunehmend kritische Einstellung gegenüber Autos beobachtet. Die 16. deutschlandweit durchgeführte Jugendtrendstudie Trendscout zeigt, dass 45 % der jungen Deutschen „Leute, die dicke Autos fahren" unsympatisch finden und fast 40 % der Auffassung sind, dass „Autos heute nicht besonders angesagt" sind[49].

So hat sich z. B. der Anteil der unter 30-jährigen bei den Neuwagenkäufen in Deutschland seit Ende der neunziger Jahre von 17 auf 7 % (2009) reduziert[50]. Auch das Interesse am Fahrerlaubniserwerb ist gesunken. Dies belegen die Ergebnisse des SrV. Die Führerscheinerwerbsquote der Erwachsenen im Alter zwischen 18 und 30 Jahren lag 2008 deutlich unter den Werten von 2003. Auch eine Auswertung der Statistiken des KBA zeigt, dass zwischen 2007 und 2009 die Anzahl der erteilten Führerscheine (Ersterteilungen) der Personen unter 24 um 6,2 % abnahm, während der Anteil dieser Altersgruppe an der Gesamtbevölkerung im selben Zeitraum lediglich um 2,4 % sank[51].

Nach der Jugendtrendstudie Trendscout besitzen 75 % der 20 bis 29-jährigen einen Führerschein, den 45 % der Führerscheinbesitzer jedoch kaum nutzen[52]. Der negative Einfluss auf die Umwelt ist ein Motiv für die Abwendung vom Pkw. Etwa 76 % der Jugendlichen halten den Klimawandel für ein großes bzw. sehr großes Problem und ziehen z. T. persönliche Konsequenzen, indem sie das Rad anstelle des Autos nutzen (44 %)[53].

Eine Untersuchung der intuitiven Präferenzen des Menschen und ihres Einflusses auf das Konsumverhalten[54] zeigte einen starken Zuwachs der Werte Nachhaltigkeit und Vernunft. Aus diesen folgert KRUSE (2009) bzgl. der Einstellung zum Auto, dass dessen emotionaler Wert v. a. als Statussymbol und Luxusgut zunehmend durch einen sachlichen Bezug bzw. andere emotionale Anforderungen abgelöst wird. Das Nutzen von Autos wird wichtiger als das Besitzen.

Sollte sich dieser Trend durchsetzen, wäre in der Zukunft eine Zunahme der Personen zu erwarten, die kein eigenes Auto besitzen. Die Ergebnisse des SrV erlauben eine Abschätzung der Auswirkungen eines abnehmenden Autobesitzes auf den städtischen Personenverkehr der Wohnbevölkerung über die vergleichende Betrachtung des Verkehrsverhaltens der Menschen mit und ohne Pkw-Zugang.

Abbildung 9 zeigt den übermächtigen Einfluss des verfügbaren Pkw auf das Modal-Split-Verhalten. Die Personen, die über einen Pkw verfügen, nutzen diesen fast ausschließlich, auch wenn gerade in der Stadt die Alternativen insbesondere für kurze Wege vorhanden

---

[49] Vgl. T-FACTORY TRENDAGENTUR (2010)

[50] Vgl. LAMPARTER (2010)

[51] Eigene Auswertung basierend auf Daten des KBA sowie STATISTISCHES BUNDESAMT (2009)

[52] Vgl. T-FACTORY TRENDAGENTUR (2010)

[53] Vgl. SHELL (2010), Vgl. auch VTI (2010)

[54] Vgl. KRUSE (2009)

und zum Teil auch zeitlich günstiger sind. Die Jugendlichen und Personengruppen ohne Auto sind multimodaler unterwegs. Sie sind die besten ÖPNV-Kunden. Ihre Verkehrsmittelwahl ist insgesamt deutlich umweltschonender.

Tabelle 1 zeigt, wie der Anteil von Menschen mit und ohne Pkw-Zugang in der SrV-Städten ist und wie sich ihr Modal Split im Mittel unterscheidet. Würden 100 % der Stadtbewohner Pkws nur noch nutzen statt zu besitzen, würde der Modal Split des MIV von 40 auf 20 % sinken. Natürlich lassen sich diese Annahmen nur für integrierte Wohnlagen mit guten ÖPNV- Angeboten treffen, in denen sich zurzeit Car-Sharing-Angebote tatsächlich mit zweistelligen Wachstumsraten ausbreiten.

| | Insgesamt | 100 | 42 | 58 | |
|---|---|---|---|---|---|
| | Personengruppen | Bevölkerungs-anteil in % | MIV % aller Wege | Umweltverbund % aller Wege | |
| Mit Pkw-Zugang | • 18 – 65 Jahre, berufstätig | 33 | 64 | 36 | Mit Pkw-Zugang |
| | • 18 – 65 Jahre, nicht berufstätig | 13 | 43 | 57 | |
| | • über 65 Jahre | 11 | 49 | 51 | |
| | Gesamt | 57 | 57 | 43 | |
| Ohne Pkw-Zugang | • unter 18 Jahre | 13 | 32 | 68 | Ohne Pkw-Zugang |
| | • 18 – 65 Jahre, berufstätig | 8 | 24 | 76 | |
| | • 18 – 65 Jahre, nicht berufstätig | 10 | 13 | 87 | |
| | • über 65 Jahre | 12 | 11 | 89 | |
| | Gesamt | 43 | 21 | 79 | |

Tabelle 1: Modal Split der Personengruppen mit und ohne Pkw-Zugang im SrV-Städtpegel

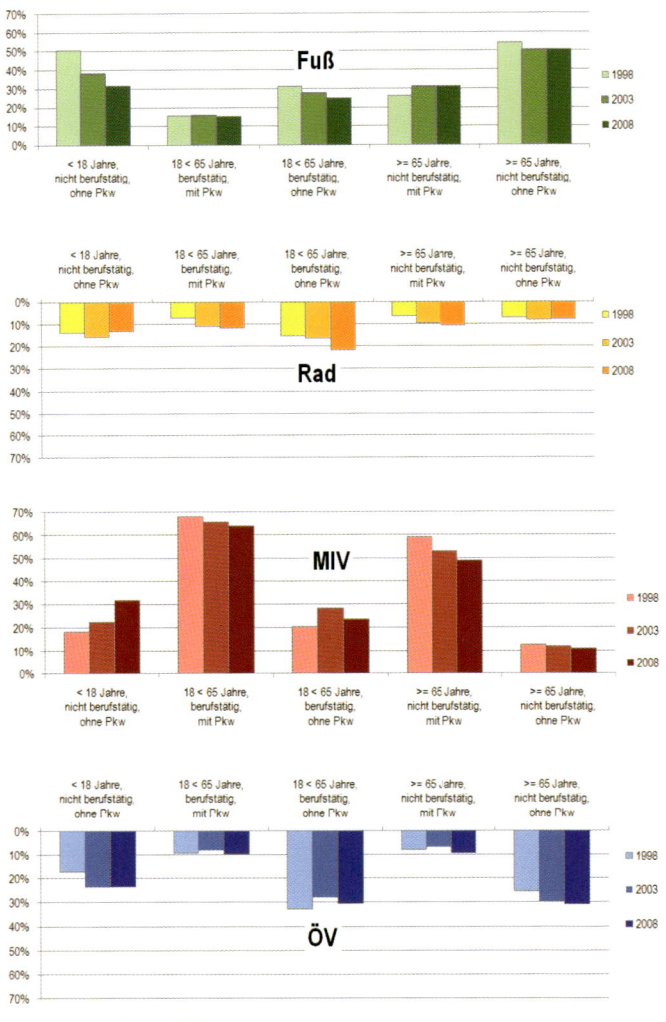

Abbildung 9: Modal Split für ausgewählte verkehrssoziologische Personengruppen im SrV-Städtepegel

Eine Auswertung des Mobilitätspanels (MOP)[55] (Abbildung 10) ergab, dass 46 % der Verkehrsteilnehmer im Verlaufe einer Woche ausschließlich „monomodal" mit dem Auto unterwegs sind[56].

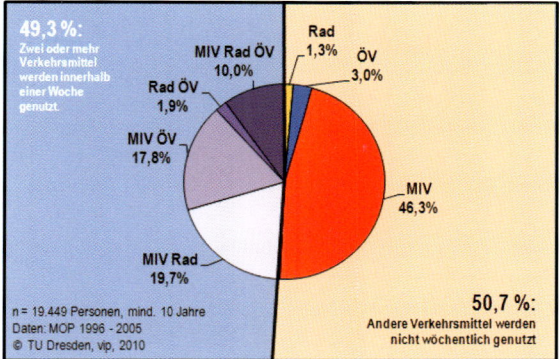

Abbildung 10: Mono- und multimodale Verkehrsteilnehmer nach dem Mobilitätspanel 1995 bis 2006

Chancen einer besseren Nutzung der multimodalen Leistungsfähigkeit des Verkehrssystems und damit einer Steigerung der Anteile des Umweltverbunds bestehen dort, wo es gelingt, das streng habitualisierte autoorientierte Verhalten in ein effektiveres multimodales zu überführen. Die Durchführung eines jeden Weges nach Zweckmäßigkeit sollte immer neu entschieden werden, um zumindest Teile des in Tabelle 1 aufgezeigten Verlagerungspotenziales auszuschöpfen. Auch die Stadt Zürich hat die Verlagerungspotenziale untersucht und kommt zu dem Ergebnis, dass 52 % der Pkw-Fahrten ausschließlich aus subjektiven Gründen mit dem Pkw durchgeführt werden und durch ÖPNV, Fahrrad und Fußwege günstiger ersetzt werden könnten[57].

Das Szenario *Service Transformation* (FORUM FOR THE FUTURE (2008), Abschnitt 2.2.4 ) beschreibt ebenfalls eine Veränderung der Einstellung der Gesellschaft zum Autobesitz. Dort ist von einem „Share-With-Your-Neighbour-Ethos" die Rede. Als Beispiel nennen die Autoren CarSharing; statt ein eigenes Auto zu besitzen, wird CarSharing genutzt.

Die Automobilindustrie reagiert mit der Entwicklung eigener Mobilitätskonzepte, um auf veränderte Kundenwünsche einzugehen. Das zeigen die Beispiele car2go von Daimler und Mu by Peugot. Die ersten Versuche mit städtischer Kurzausleihe öffentlicher Fahrzeuge für Einweg-Fahrten (Car-Sharing on Demand) stoßen auf eine überraschend gute Akzeptanz. Fast 20 % aller Ulmer Führerscheinbesitzer haben sich seit dem Start von car2go im März 2009 registriert, in der Gruppe der 18- bis 36-jährigen sind es sogar 40 %.

---

[55] Vgl. ZUMKELLER/CHLOND/KUHNIMHOF (2008)

[56] Vgl. AHRENS/AURICH/BÖHMER et al. (2010b)

[57] Vgl. DIETRICH (2006), S. 3

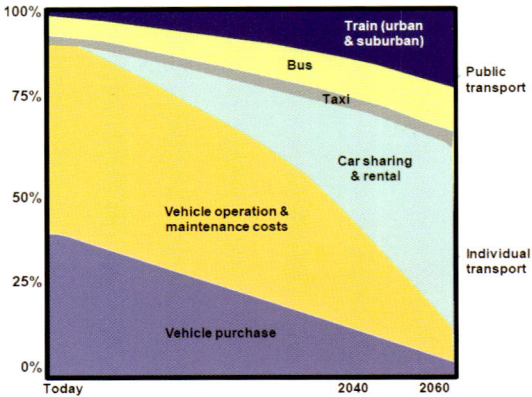

Abbildung 11: Mobilitätsausgaben der Haushalte heute und in Zukunft[58]

Die Entwicklungspotenziale solcher integrierten Mobilitätsangebote werden hoch eingeschätzt[59] sofern das Abstellen der „öffentlichen Autos" von der StVO ähnlich wie der ÖPNV oder Taxen-Stellplätze privilegiert wird. Der ökologische und verkehrsplanerische Nutzen dieser Mobilitätsangebote wurde hinreichend belegt. Zu den neuen Angeboten zählen neben der Nutzung von Fahrgemeinschaften und Car-Sharing auch die intermodale Gestaltung von Wegen, d. h. die Nutzung unterschiedlicher (Leih-)Fahrzeuge. Eine verkehrsreduzierende Wahl des Wohnortes in integrierten städtischen Lagen stützt multimodale Mobilität mit wenig Kfz-Fahrleistung[60]. Eine solche Entwicklung würde zu einem Rückgang der Ausgaben für das eigene Auto zugunsten verstärkter Ausgaben für CarSharing, Taxi, Bus und Bahn sowie Fahrräder, die Verkehrsmittel des sog. Umweltverbundes, führen. Die erzielbaren Einsparungen dürften je nach Wohnort und Lebensstil im Mittel zwischen 1.000-2.000 Euro pro Jahr und Haushalt liegen. Entsprechend prognostizieren BENTENRIEDER,/WANDRES (2010) einen Rückgang der Anteile der Kundenausgaben für den Autokauf bei gleichzeitiger Zunahme für Mobilitätsdienstleistungen und Fahrzeugnutzungsmodelle (s. Abbildung 11)[61].

### 3.2.4. Reurbanisierung

Nicht nur die Megastädte wachsen weltweit. Auch in Deutschland gewinnen wirtschaftlich attraktive Ballungszentren Einwohner. Immer mehr Menschen ziehen das Leben in der Stadt dem Leben im ländlichen Raum vor. Die Wachstumsdynamik der Städte in weniger entwickelten Ländern ist dabei deutlich größer als in den entwickelten Ländern[62]. Wenn auch in Deutschland die Tendenz zur

---

[58] Entnommen: WYMAN zitiert bei TOMFORDE (2010)

[59] Vgl. hierzu BARTHEL et al. (2010) sowie BENTENRIEDER/WANDRES (2010))

[60] Vgl. BARTHEL/BÖHLER-BAEDEKER/BORMANN et al. (2010)

[61] Vgl. BENTENRIEDER,/WANDRES (2010)

[62] Vgl. BERBERICH (2010), S. 5

Rückkehr in die Städte in kleinerem Maßstab zu beobachten ist, entwickelt sie sich zunehmend. Durch entsprechende Programme und Maßnahmen wird versucht, diese Reurbanisierungstendenzen zu stärken[63]. Dies birgt u. a. Entwicklungspotenzial für die Städte, die ansonsten auch auf Grund von Migrationsbewegungen und geringen Geburtenzahlen mit stark sinkenden Einwohnerzahlen konfrontiert sind[64].

Irhalt dieses Berichtes ist jedoch nicht die Untersuchung der Reurbanisierung als solche, sondern die Abschätzung der Folgen dieses Trends für den städtischen Personenverkehr.

Die Ergebnisse von MiD und SrV erlauben eine vertiefte Analyse der Unterschiede im Verkehrsverhalten von Bewohnern in urbanen und ländlichen Lagen. Die Ergebnisse der Haushaltsbefragungen lassen Rückschlüsse auf die künftige Entwicklung des Modal Split, der $CO_2$-Emissionen und die Marktanteile der Verkehrsträger zu.

Angebot und Akzeptanz des ÖPNV sind besser, je größer die Stadt ist. Die Lage des Wohnortes und die damit verbundene Erschließungsqualität durch den ÖPNV hat eine hohe Bedeutung für die Verkehrsmittelwahl[65]. Dementsprechend hat der MIV in großen Städten die geringsten Anteile.

In Städten des SrV-Städtepegels wurden 2008 über 42 % der Wege mit dem Auto erledigt, gefolgt von Fußwegen mit 26 %, dem ÖPNV mit 18 % und dem kontinuierlich ansteigendem Radverkehr mit 14 %. Im Städtevergleich variieren diese Ergebnisse mitunter stark (s. Abbildung 12). In Berlin z. B. erreicht der MIV nur etwas mehr als 30 %, so dass der Anteil des Umweltverbundes bei den Wegen der Berliner Bevölkerung schon gegen 70 % strebt. In den meisten Großstädten bis etwa 550.000 Einwohner liegt der MIV um die 40 %, aber es gibt deutliche Unterschiede.

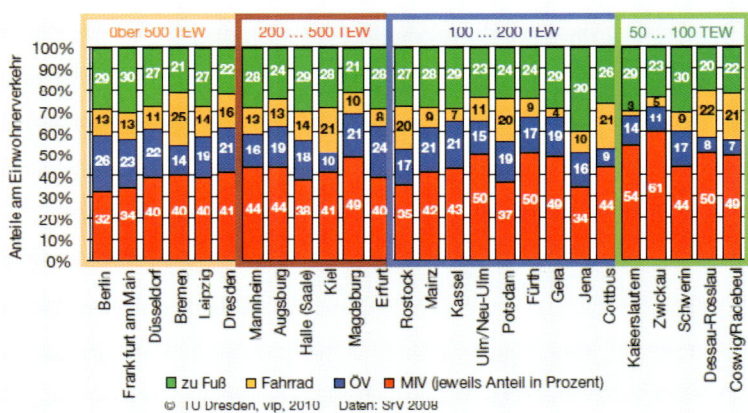

Abbildung 12: Verkehrsmittelwahl im Städtevergleich

[63] Vgl. BERTRAM/ALTROCK (2009), S. 4

[64] Vgl. hierzu Beitrag des 9.Friedrich-List-Symposiums (Abschnitt 5.1)

[65] Vgl. INFAS/DLR (2010), S. 45

28

Sollte sich gemeinsam mit den anderen aufgezeigten Trends auch der Trend der Reurbanierung als stabil erweisen, ist insgesamt mit einer Zunahme des Modal-Split-Anteils v. a. beim ÖPNV zu rechnen. Für die Bewohner im ländlichen Raum, deren Anzahl sinkt, ist hingegen weiterhin davon auszugehen, dass diese sich stark autoorientiert verhalten müssen. Mit der Entleerung der ländlichen Räume wird in Zukunft eine attraktive Erschließung dieser durch den ÖPNV zunehmend schwierig.

## 3.3. Neue Rahmenbedingungen des Güterverkehrs

Für die Zukunft des Güterverkehrs sind viele Bestimmungsfaktoren (Abbildung 13), deren Entwicklung z. T. selber mit großen Unsicherheiten behaftet ist, ausschlaggebend.

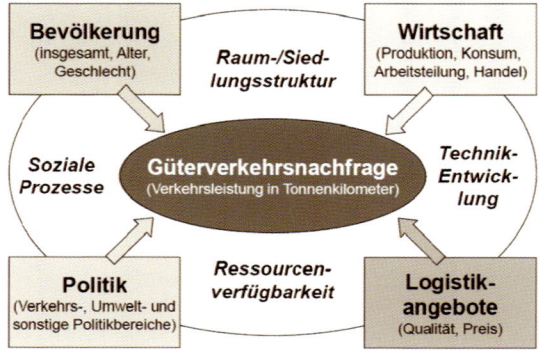

Abbildung 13: Einflussfaktoren des Güterverkehrs[66]

In Abschnitt 2 wurden bereits einige der aufgeführten Faktoren näher erläutert und mögliche Entwicklungspfade vorgestellt. Dies betrifft die Demographie, die Ressourcenverfügbarkeit sowie die Wirtschaft. Auf Grund der starken Betroffenheit des Güterverkehrs durch die Finanzkrise ist der Einflussfaktor Wirtschaft besonders zu thematisieren. Hinzu kommen die Trends der Logistik und Entwicklungspotenziale technischer Innovationen im Straßengüterverkehr. Auch Aberle verwies in seiner Schlussbemerkung auf dem 9. Friedrich-List-Symposium (vgl. Kap. 6) auf neue Rahmenbedingungen für den Wirtschaftsverkehr hin.

### 3.3.1. Auswirkungen der globalen Finanzkrise

Der Güterverkehr war durch die globale Finanzkrise stärker betroffen als der Personenverkehr. Im Jahr 2009 konnte ein deutlicher Einbruch des Güterverkehrsaufkommens für alle Verkehrsarten beobachtet werden. Abbildung 14 zeigt die Verluste des grenzüber-

[66] Entnommen: ROMMERSKIRCH (2010), S. 4

schreitenden Güterverkehrs, die auch durch die Außenhandelssta-
tistik verdeutlicht werden.

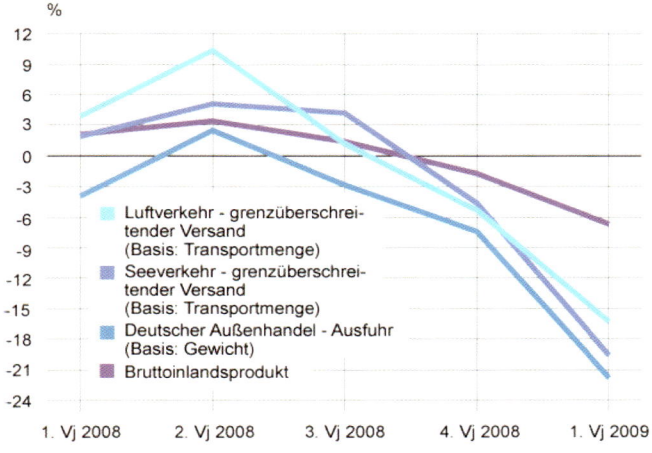

© Statistisches Bundesamt, Wiesbaden 2009

Abbildung 14: Auswirkungen der Krise auf die Entwicklung von Luftverkehr, Seeverkehr, Außenhandel und Bruttoinlandsprodukt im Vergleich
(Veränderungen zum Vorjahreszeitraum)[67]

Seit 2009 ist eine Stabilisierung des Güterverkehrsaufkommens zu
erkennen. Gründe sind u. a. das Nachfüllen der in der Krise abge-
bauten Lagerbestände, Investitionen, die verspätet getätigt werden
sowie das anhaltende Wachstum der BRIC-Staaten[68]. Dennoch liegt
die Güterverkehrsleistung einiger Verkehrsarten auch heute noch
unter dem Niveau der Jahre vor der Krise. Daher bleibt abzuwarten
und zu untersuchen, ob sich eine vollständige Regeneration einstellen wird.

Eine besondere Herausforderung ist in diesem Zusammenhang die
Notwendigkeit der Überarbeitung der Prognosen des Güterverkehrs, die vor der Krise erstellt wurden. Die damals getroffenen Annahmen bspw. in Bezug auf die Marktentwicklung müssen an die
neuen Rahmenbedingungen angepasst werden.

---

[67] Entnommen: WALTER (2009)

[68] Vgl. MITUSCH/LIEDTKE (2010)

## 3.3.2. Trends der Logistik

Abbildung 15 gibt eine Übersicht aktueller Trends in der Logistik.

Abbildung 15: Trends in der Logistik[69]

**Marktwirtschaft**

Die Entwicklung der Marktwirtschaft wird hier nach wirtschaftlichen, politischen und gesellschaftlichen Faktoren unterschieden. Zu zentralen Aspekten der wirtschaftlichen Entwicklung mit gravierendem Einfluss auf den Güterverkehr zählen nach KERSTEN (2010) folgende[70]:

- **Konzentration auf Kernkompetenzen**: Unternehmen fokussieren sich auf Kernkompetenzen und lagern übrige Aufgaben aus.

- **Konzentration und Differenzierung der Logistikbranchenstrukturen**: Es ist ein Trend zunehmender Kooperation zu beobachten. Im Rahmen der Wirtschaftskrise hielten einige dieser Kooperationen jedoch nicht und die Bedeutung alternativer innovativer Logistiklösungen nahm zu (z. B.: Kontralogistik).

- **Globalisierung der Produktion im Wirtschaftsverkehr**: Die Fortschritte der Informations- und Kommunikationstechnologie (IuK) fördert die weltweite Kommunikation und baut Handelsbarrieren ab. Unternehmen spannen globale Netzwerke und die Nachfrage weiträumiger Transportleistungen nimmt zu.

- **Beschleunigung der Taktraten wirtschaftlicher Aktivität in der ‚On Demand'-Welt**: Die Logistik steht vor der Herausforderung, möglichst schnell auf individuelle Kundenwünsche zu reagieren. Die Folge ist eine Güternachfrage in zunehmend kleinen Produktions- und Auftragslosen.

- **Entwicklung des Logistik-Marktes**: Im Zusammenhang mit der Wirtschaftskrise verzeichnete auch der Logistikmarkt starke Einbrüche. Dennoch ist diese Wirtschaftsbranche die drittgrößte in Deutschland (nach Umsätzen).

Die politischen Einflüsse umfassen u. a. Entscheidungen zur Deregulierung und Privatisierung der Wirtschaft. Hier konnte bspw. in-

---

[69] Eigene Darstellung basierend auf KERSTEN (2010)

[70] Vgl. auch Kapitel 5.7, S. 89

folge der Abschaffung öffentlich festgelegter Preise und Zugangs-
rechte zur Transportwirtschaft eine Umstrukturierung dieser Branche beobachtet werden. Die Folge sind stark gesunkene Preise für
Transportleistungen einhergehend mit einem hohen Rationalisie-
rungsdruck der Märkte.

An dritter Stelle der Einflussfaktoren der Marktwirtschaft stehen gesellschaftliche Trends. Als Individualisierung wird die Entwicklung
bezeichnet, dass die Nachfrage nach Produkten und Dienstleistungen immer individueller wird. Dies erschwert das Erstellen einer
verlässlichen Prognose der Marktanforderungen und bedeutet für
die Logistik die Herausforderung, Lösungen zu entwickeln, die dieser individuellen Nachfrage gerecht werden. Neben der Individualisierung beeinflusst das zunehmende Umweltbewusstsein der Gesellschaft auch die Logistik und stellt Anforderungen wie z. B. die
Entlastung von Innenstädten (City-Logistik) sowie die Nutzung umweltfreundlicher Verkehrsträger und Fahrzeuge.

## Logistikwachstum

Die Preisentwicklung der Verkehrsträger wird die Zukunft des Güterverkehrs maßgeblich beeinflussen. Besonders die Einführung
und weitere Ausgestaltung der Lkw-Maut und damit die Preisentwicklung des Straßengüterverkehrs sind von besonderem Interesse.

Das Transportaufkommen der Verkehrsträger Straße, Schiene und
Binnenschiff in den ersten drei Quartalen des Jahres 2010 zeigt
Abbildung 16. Eine deutliche Erholung nach der angespannten
Wirtschaftlage ist für alle Verkehrsarten sichtbar. Dabei hat der
Schienenverkehr das Niveau der Jahre 2007 und 2008 noch nicht
erreicht. Sowohl für Schienen- als auch Straßengüterverkehrsauf-
kommen rechnen die Experten auch künftig mit Zunahmen; die Per-
spektiven für die Binnenschifffahrt sind gedämpft[71].

---

[71] Entnommen: PROGTRANS/ZEW (2010)

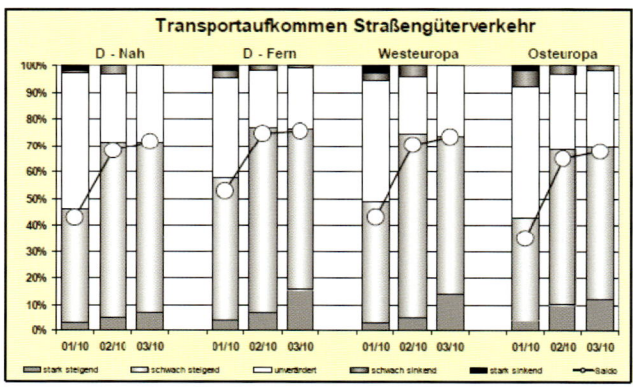

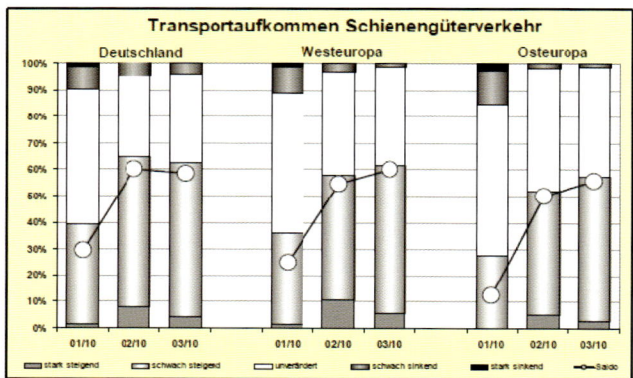

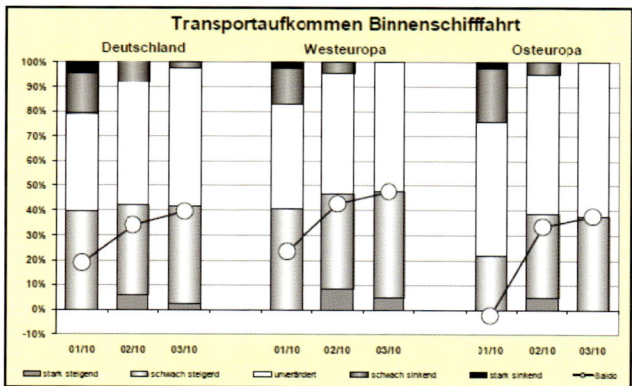

Abbildung 16: Transportaufkommen im Straßengüterverkehr, Schienengüterverkehr und in der Binnenschifffahrt in den ersten drei Quartalen des
Jahres 2010[72]

---

### 3.3.3. Effizienzsteigerungen im Straßengüterverkehr

Der Straßengüterverkehr trägt mit heute rund 70 % die Hauptlast des Güterverkehrs. Der Anteil der Neuzulassungen und Sattelzugmaschinen über 3,5 t beträgt rund 25 %. Der Gesamtbestand an Nutzfahrzeugen hat sich seit 1990 nahezu um 2/3 (von etwa 1,5 auf 2,5 Mio. Einheiten) erhöht. In den vergangenen zwei Jahrzehnten dominierte die Luftreinhaltepolitik die technologischen Fortschritte der Antriebstechnologien und der Kraftstoffe[73].

Der Dieselantrieb überwiegt in der Güterkraftfahrzeugflotte mit einem Anteil von 93 %. Bis 2030 wird weiterhin der überwiegende Einsatz von (verbesserter) Dieseltechnik sowie auch der Hybridtechnik prognostiziert. DLR/SHELL/HWWI (2010) schätzen das Einsparpotenzial an Motor und Antriebsstrang zu etwa 10 %[74].

In Bezug auf die Abgasemissionen wurden 1992 mit der Euronorm Grenzwerte festgelegt. In den kommenden Jahren werden zunehmend strengere Grenzwerte erwartet, insbesondere in Bezug auf Partikel und Stickoxide. Um diese auch künftig zu erfüllen, sind die Entwicklung und der Einsatz umfangreicher Abgasreinigungstechniken erforderlich.

In Abschnitt 2 wurde auf die kritische Einschätzung der Einflussmöglichkeiten durch technologischen Fortschritt hingewiesen. So stellt sich auch hier die Frage, ob allein die fahrzeugtechnischen Effizienzsteigerungen im Straßengüterverkehr in der Lage sind, die Emissionen trotz Wachstum zu senken.

Dies untersuchen DLR/SHELL/HWWI (2010) in zwei Szenarien, dem *Trendszenario* (Fortsetzung der bisherigen Technologietrends) und dem *Alternativszenario* (ambitionierte Annahmen bzgl. Effizienzsteigerungsgewinne) (Tabelle 2).

|  | Effizienzsteigerung | Biokraftstoffanteile |
| --- | --- | --- |
| Leichte Nutzfahrzeuge und Lkw | | |
| *Trendszenario* | 23 % | 12 % |
| *Alternativszenario* | 36 % | 20 % |
| Sattelzugmaschinen | | |
| *Trendszenario* | 19 % | 12 % |
| *Alternativszenario* | 28 | 20 % |

Tabelle 2: Gegenüberstellung ausgewählter Annahmen zur Effizienzverbesserung[75]

---

[73] Vgl. DLR/SHELL/HWWI (2010), S. 62

[74] Vgl. DLR/SHELL/HWWI (2010), S. 38

[75] Entnommen: DLR/SHELL/HWWI (2010), S. 57

Das Ergebnis der Prognose zeigt, dass in allen Szenarien bis 2030 eine Zunehme der $CO_2$-Emissionen des Straßengüterverkehrs eintritt (Abbildung 17)[76]. Technologische Fortschritte wirken hier lediglich dämpfend. Diese Entwicklung wird auf den prognostizierten Anstieg des Straßengüterverkehrsaufkommens zurück geführt. Sie bestätigt RADERMACHERS (2010) These, dass lediglich eine Steigerung der Einheit der Wertschöpfung erzielt wird, in der Summe der Ressourcenverbrauch allerdings steigt (s. Abschnitt 2.4, S. 13).

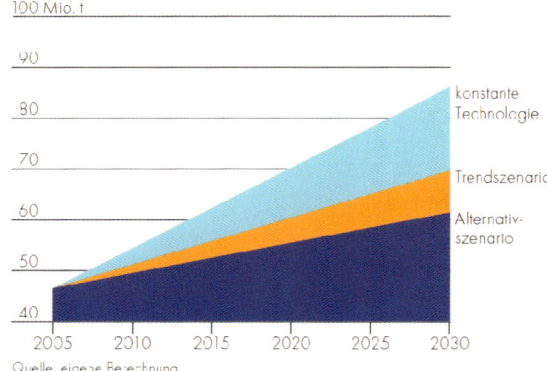

Abbildung 17: Abschätzung der Entwicklung der $CO_2$-Emissionen im Straßengüterverkehr[77]

---

[76] Vgl. Prognose der $CO_2$-Emissionen (Abschnitt 4.3.4)

[77] Entnommen: DLR/SHELL/HWWI (2010), S. 58

# 4. Vorliegende Prognosen und Szenarien zum zukünftigen Verkehr in Deutschland

Die künftige Entwicklung des Verkehrsgeschehens ist ungewiss. Prognosen und Szenarien helfen, diese Ungewissheit auf einen gewissen Spielraum zu reduzieren. Mit der Darstellung von Annahmen und Ergebnissen aktueller Prognosen im Vergleich soll dieser Entwicklungsspielraum aufgezeigt werden. Neben demographischen und wirtschaftlichen Rahmenbedingungen werden auch Annahmen bzgl. ordnungspolitischer Rahmenbedingungen vorgestellt. Es ist beabsichtigt, auf diese Weise eine Einschätzung zu ermöglichen, welche verkehrspolitischen Entscheidungsspielräume bestehen, um die künftigen verkehrliche Entwicklungen in die gewünschte Richtung zu lenken bzw. welche Optionen bestehen, auf unerwünschte, ggf. auch auf kaum zu beeinflussende, Entwicklungen zu reagieren.

Die vorgestellten Studien greifen auf unterschiedliche methodische Ansätze zurück und zum Teil sind die Transparenz und die vorliegenden Informationen bzgl. der getroffenen Annahmen gering. Somit ist ein direkter Vergleich der Werte an sich kaum sachgerecht und belastbar durchführbar. Auch in Bezug auf das Datum der Veröffentlichung und den Prognosezeitraum unterscheiden sich die ausgewählten Studien (Abbildung 19, S.40). Vor allem die zeitliche Relation zur globalen Finanzkrise ab 2007 spielt eine große Rolle, insbesondere in Bezug auf die Einschätzung der wirtschaftlichen Entwicklung.

Im Folgenden werden zunächst die Prognosen und Szenarien kurz charakterisiert (4.1), anschließend einige Rahmenbedingungen (4.2) und Ergebnisse zur Verkehrsentwicklung (4.3) gegenübergestellt.

## 4.1. Vorstellung ausgewählter Studien

### 4.1.1. World Transport Report 2010/2011

Der *World Transport Report 2010/2011*, der durch die ProgTrans AG erstellt wurde, beschreibt die langfristige Entwicklung des Personen- und Güterverkehrs in 35 europäischen und fünf außereuropäischen Ländern (Brasilien, China, Indien, Japan und USA). Damit erlaubt er, die deutsche Entwicklung im Vergleich mit der Entwicklung in Europa und auch weltweit zu betrachten. Der zeitliche Horizont ist 2025 bezogen auf das Basisjahr 2008.

### 4.1.2. Die Prognose der deutschlandweiten Verkehrsverflechtungen 2025

Im Auftrag des BMVBS haben *ITP* und *BVU* im Jahr 2007 eine Prognose der deutschlandweiten Verkehrsverflechtungen basierend auf 2004 mit dem zeitlichen Horizont von 2025 aufgestellt. Über die Ergebnisse zur Verkehrsleistung werden hier auch die $CO_2$-Emissionen durch den Verkehr abgeschätzt.

Die Verflechtungsprognose diente als Grundlage der Überprüfung der Bedarfspläne für die Bundesschienenwege und die Bundesfernstraßen im Jahr 2010[78].

Die Prognose basiert auf der Annahme, dass die freie Wahl des Verkehrsmittels weitestgehend ohne „dirigistische Eingriffe zu Verkehrssteuerung oder –verlagerung" politisch gewährleistet werden soll[79]. Preis-, Infrastruktur- und ordnungspolitische Maßnahmen zur Förderung eines Verkehrsträgers sind jedoch denkbar.

### 4.1.3. Zukunft der Mobilität – Szenarien für das Jahr 2030

Das *Institut für Mobilitätsforschung (ifmo)* ist eine Forschungseinrichtung der BMW Group, die von Partnern aus Wirtschaft und Wissenschaft begleitet wird, wie z. B. Deutsche Bahn, Lufthansa und MAN. In interdisziplinärer Zusammenarbeit konzipierte IFMO (2010) drei Szenarien des Verkehrs bis 2030. Diese beschreiben einen Möglichkeitsraum künftiger Entwicklung, dessen Wachstum nach oben durch das Szenario *Globale Dynamik* und nach unten durch das Szenario *Rasender Stillstand* begrenzt wird. In der Mitte dieser beiden liegt das Szenario *Gereifter Fortschritt*.

*Gereifter Fortschritt*

Es wird angenommen, dass sich die Politik auf gesellschaftliche und wirtschaftliche Herausforderungen in Bildungs- und Sozialpolitik sowie auch in anderen Ressorts fokussiert. Des Weiteren verfolgt die Verkehrspolitik eine klare Strategie, zu der eine verbesserte Koordination der verkehrspolitischen Akteure bei Bund, Ländern und Kommunen zählt. Es erfolgt eine starke Vernetzung wirtschafts- und verkehrspolitischer Interessen. Die Investitionen bleiben konstant, konzentrieren sich jedoch auf den Erhalt und nur noch punktuellen Ausbau stark nachgefragter Teile des Verkehrsnetzes. Das Mobilitätsverhalten bleibt überwiegend autoaffin und routinebestimmt.

*Globales Wachstum*

Diesem Szenario liegt die Annahme zugrunde, dass von einem boomenden Außenhandel, einer positiven Wirtschaftsentwicklung sowie gestiegenen Mobilitätsbudgets privater Haushalte auszugehen ist. Wachstum und Fortschritt werden als Folge sozial- und bildungspolitischer Reformen, aber auch verkehrspolitischer Maßnahmen erwartet. Analog zum Szenario *Gereifter Fortschritt* wird von einer mit allen Akteuren interdisziplinär abgestimmten Verkehrspolitik ausgegangen. Im Unterschied zum vorigen Szenario nehmen jedoch die Investitionen zu. Insbesondere Ballungsräume profitieren von dieser Entwicklung. Die Unterschiede zu ländlichen Regionen vergrößern sich, insgesamt kommt es jedoch nicht zu einer Zunahme sozialer Disparitäten. Das Mobilitätsleitbild wird pragmatischer und die Verkehrsteilnehmer verhalten sich multimodaler.

---

[78] Vgl. BMVBS (2010), S.4

[79] Vgl. ITP/BVU (2007)

*Rasender Stillstand*

In diesem Szenario ist die Entwicklung global aber auch in Deutschland durch mehrere krisenhafte Prozesse geprägt, deren Auswirkungen sich gegenseitig verstärken. U. a. werden die Folgen des Klimawandels zunehmend spürbar. Die Politik hat einen geringen Stellenwert, die politischen Akteure sind den Entwicklungen gegenüber machtlos und ihr Handlungsspielraum ist eingeschränkt. Politische Maßnahmen zeigen höchstens kurzfristige Auswirkungen, bleiben langfristig jedoch wirkungslos. Die Investitionen sind rückläufig. Das Mobilitätsverhalten ist eher pragmatisch und kostenorientiert. Die Ungleichheit zwischen Ballungsräumen und ländlichen Regionen verschärft sich.

## 4.1.4. Shell Pkw-Szenarien bis 2030

In zwei Szenarien untersucht die SHELL (2009) mit Unterstützung von der Prognos AG, der ProgTransAG und dem Hamburgischen WeltWirtschaftsInstitut (HWWI) die künftige Entwicklung der Pkw-Mobilität in Deutschland. Es werden zwei Szenarien untersucht, das Trendszenario *Automobile Anpassung* und das Alternativszenario *Auto-Mobilität im Wandel*. Die Grundannahmen der demographischen und wirtschaftlichen Entwicklung sind für beide Szenarien gleich. Die Ergebnisse geben auch Auskunft über den Einfluss unterschiedlicher Antriebstechnologien auf $CO_2$-Emissionen und Kraftstoffverbrauch.

*Automobile Anpassung*

Dieses Trendszenario beruht auf der Fortschreibung bisheriger Entwicklungen und Verhaltensmuster.

*Auto-Mobilität im Wandel*

Dem Alternativszenario liegt die Annahme zugrunde, dass „strenge Umwelt- und Nachhaltigkeitsziele im Bereich Verkehr mit einem ganzen Bündel umweltpolitischer Instrumente und Maßnahmen verfolgt werden"[80], die den technologischen Wandel und eine Vielfältigkeit von Antriebs- und Kraftstofftechnologien unterstützen.

## 4.1.5. Perspektiven - Zukunft der Mobilität

Ebenfalls mit dem Fokus auf die Automobilität entwickelte *z_Punkt* in Kooperation mit dem Nachrichtenmagazin *FOCUS* im Jahr 2009 vier Szenarien, die unter dem Titel „Perspektiven – Zukunft der Mobilität" veröffentlicht wurden. Die Beschreibung der Rahmenbedingungen und Ergebnisse der Szenarien erfolgt ausschließlich verbal. Diese beruhen auf der Reduzierung der Trends auf zwei zentrale, mit Unsicherheiten behaftete Faktoren; zum einen die Innovationsdynamik, die sich zwischen Innovationsstau und –schub bewegt, und zum anderen das Mobilitätsverhalten, das sich in Richtung multimodal oder autozentrisch entwickeln könnte.

---

[80] SHELL (2009), S. 8

Neben dem Trendszenario *Business As Usual* werden drei Szenarien beschrieben, die sich durch die Innovationsdynamik und das Mobilitätsverhalten der Bevölkerung unterscheiden (s. **Abbildung 18**). Sollte das Mobilitätsverhalten künftig multimodal geprägt sein könnte die Zukunft entweder bei Innovationsreichtum durch das Szenario *Freude am Gefahren werden* oder bei geringer Innovationsdynamik durch das Szenario *Fortschritt durch Zwang* charakterisiert sein. Setzt sich das autozentrische Mobilitätsverhalten auch in Zukunft fort, könnte diese unter der Voraussetzung eines Innovationsschubes durch das Szenario *Aus Liebe zum grünen Automobil* beschrieben sein.

Abbildung 18: z_Punkt – Vier Szenarien für die Mobilität 2020[81]

## 4.1.6. Szenarien der Mobilitätsentwicklung unter Berücksichtigung von Siedlungsstrukturen bis 2050

Ebenfalls im Auftrag des BMVBS erstellten TRAMP, das Deutsche Institut für Urbanistik (Difu), die TU Dresden (TUD) und das Institut für Wirtschaftsforschung Halle (IWH) im Jahr 2006 eine Langfristprognose. In den zwei Szenarien *Dynamische Anpassung* und *Gleitender Übergang* wird der Einfluss der demographischen Entwicklung auf Siedlungsstruktur und Mobilität bis zum Jahre 2050 im Vergleich mit dem Demografieszenario *Status Quo* untersucht.

*Status Quo*

Der „Status Quo" stellt einen Vergleichsfall dar und wird auch als Demografieszenario betrachtet[82]. Denn lediglich Veränderung der Bevölkerungsstruktur und der steigende Führerscheinbesitz der Senioren werden angepasst. Die übrigen Parameter werden auf dem Stand des Analysejahres 2002 eingefroren.

---

[81] Entnommen: GLÖCKNER/RODENHÄUSER (2008), S. 7

[82] Vgl. TRAMP /DIFU/TUD/IWH (2006), S.77

*Gleitender Übergang*

D esem Szenario liegt die Annahme zugrunde, dass sich bisherige Entwicklungen fortsetzen. Dennoch handelt es sich nicht um ein Trendszenario. Denn es wird davon ausgegangen, dass absehbare Entwicklungen (z. B. Preise für fossile Energien) auf jeden Fall eintreten werden. Keine Änderungen werden jedoch bzgl. der planerischen Randbedingungen und nur geringfügige Änderungen der Wohnstandortwahl erwartet.

*Dynamische Anpassung*

„Die Auswirkungen gestiegener Energiepreise und des drohenden Klimawandels führen zu schnellen Reaktionen. Die Menschen als Nutzer und Mobilitätsnachfrager reagieren und vollziehen entsprechende Änderungen bei der Wahl von Mobilitätszielen und ihren Wohnstandorten. Ebenso geht dieses Szenario von einer schnellen politischen Reaktion aus. Steuerungsinstrumente zur Beeinflussung von Verkehrsaufwand, Verkehrsmittelwahl und Wohnstandortwahl werden beschleunigt geändert oder neu eingeführt. Nutzerfinanzierung und steigende Infrastrukturkosten führen zusätzlich zu steigenden Verkehrspreisen. Das Szenario geht zudem davon aus, dass die Menschen sich entsprechend der mit diesen Instrumenten gesetzten Anreize verhalten"[83]. Das trifft auch auf die Wohnstandortwahl zu, die sich zunehmend an den Kosten für Verkehr orientiert. Insgesamt wird davon ausgegangen, dass die Bereitschaft zur Veränderung auf Grund von Preissteigerungen zunimmt.

## 4.1.7. Mobilität 2020. Perspektiven für den Verkehr von morgen

Die deutsche Akademie für Technikwissenschaften achatech veröffer lichte im Jahr 2006 unter dem Titel „Mobilität 2020. Perspektiven für den Verkehr von morgen" eine Verkehrsprognose für De utschland. Diese wurde mit Unterstützung des BMVBS und in Kooperation mit der Volkswagen AG, der PTV AG und der Deutsche Bahn AG erarbeitet. Das Basisjahr dieser Prognose ist 2002 und das Prognosejahr 2020.

Die Basis des untersuchten Szenarios ist der Bundesverkehrswegeplan, d. h. die Umsetzung der Maßnahmen des BVWP wird als erfolgt unterstellt. Die Annahmen der Entwicklung der Wirtschaft und des Wanderungssaldos entsprechen nach Angaben von acatech dem Stand des Jahres 2002.

---

[83] Vg . TRAMP /DiFU/TUD/IWH (2006), S.78

## 4.2. Rahmenbedingungen

### 4.2.1. Prognosezeitraum

Eine Übersicht der Prognosezeiträume der vorgestellten Studien zeigt Abbildung 19. Es sind jeweils Basis- und Prognosejahr aufgetragen. Eine Ausnahme stellt die z_Punkt-Studie dar, die keine Angaben zu einem Basisjahr macht. Daher ist das Jahr der Veröffentlichung (2009) dargestellt.

Die einzigen Studien, die vor der globalen Wirtschaftskrise verfasst wurden, sind die Prognosen, die im Auftrag des BMVBS erstellt wurden. Das ist die *Prognose deutschlandweiter Verkehrsverflechtungen 2025* aus dem Jahr 2004 sowie *Szenarien der Mobilitätsentwicklung unter Berücksichtigung von Siedlungsstrukturen 2050* und *Mobilität 2020* aus dem Jahr 2006.

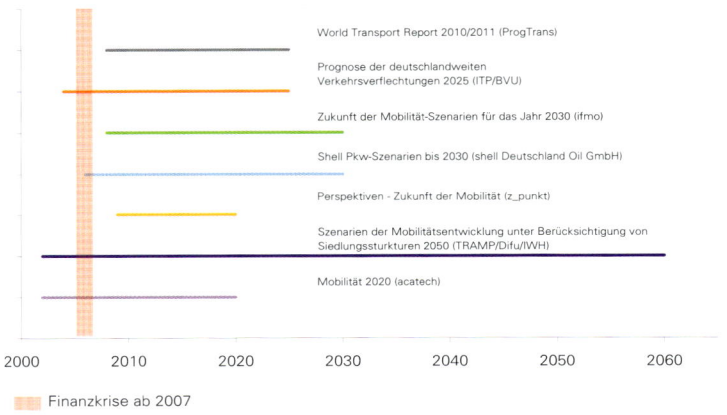

Abbildung 19: Zeitlicher Horizont der untersuchten Prognosen

Das Basisjahr der Shell-Pkw-Szenarien ist das Jahr 2006. Dies liegt zwar ebenfalls vor der Krise, die Studie wurde jedoch erst 2009 veröffentlicht, so dass in den Annahmen der Szenarien die Wirtschaftskrise bereits berücksichtigt werden konnte.

### 4.2.2. Demographische Entwicklung

Die unterschiedlichen Annahmen der vorgestellten Prognosen bzgl. der Bevölkerungsentwicklung zeigt die Abbildung 20. Ergänzend sind die zwei Szenarien aufgetragen, die die Bevölkerungsentwicklung laut der *12. koordinierten Bevölkerungsvorausberechnung* des Statistischen Bundesamtes begrenzen[84]. Alle Angaben bestätigen den bereits besprochenen Trend des Rückganges der Einwohnerzahlen[85]. Das Maß prognostizierter Bevölkerungsverluste unterscheidet sich jedoch. Während die Bevölkerungsprognose der Shell

---

[84] Aus STATISTISCHES BUNDESAMT (2009): „Mittlere" Bevölkerung, Obergrenze und Untergrenze

[85] Vgl. Abschnitt 2.1

Pkw-Szenarien sich etwa in der Mitte zwischen den Szenarien des Statistischen Bundesamtes befindet, liegen die Annahmen der ifmo-Szenarien deutlich höher (*Globale Dynamik*) bzw. niedriger (*Gereifter Fortschritt, Rasender Stillstand*). Der geringste Rückgang der Einwohnerzahlen liegt der *Prognose deutschlandweiter Verkehrsverflechtungen* des Bundes zugrunde. Im Jahr 2025 geht diese von 81,7 Mio. Einwohnern aus; das sind knapp 10 % mehr als in den beiden unteren ifmo-Szenarien.

Die prognostizierte Bevölkerungszahl in *Mobilität 2020* liegt im Jahr 2020 in der Größenordnung der *Szenarien der Mobilitätsentwicklung unter Berücksichtigung der Siedlungsstrukturen bis 2050*. Deren Annahmen entsprechen wiederum bis 2025 etwa dem Niveau der *Prognose der deutschlandweiten Verkehrsverflechtungen*. Bis 2050 wird von einem Rückgang der Bevölkerung auf 77,3 Mio. ausgegangen. Das sind 5 bzw. 11 % mehr als in den beiden Szenarien der aktuellen Bevölkerungsvorausberechnung des Statistischen Bundesamtes.

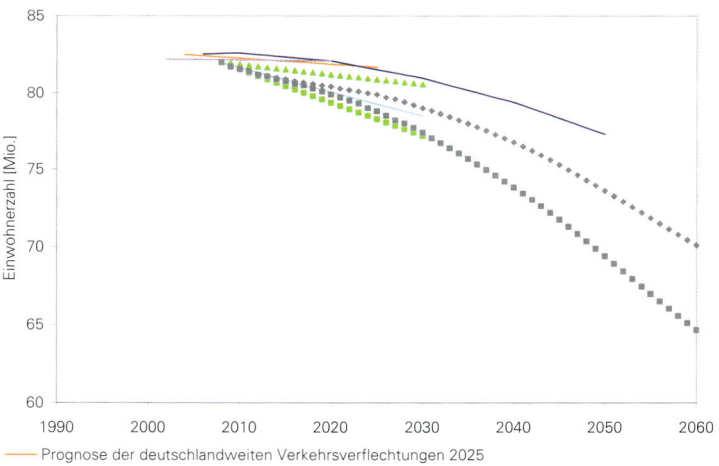

Abbildung 20: Prognose der Bevölkerungsentwicklung[86]

---

[86] Eigene Darstellung, basierend auf Daten aus: ITP/BVU (2007), IFMO (2010), SHELL (2009), STATISTISCHES BUNDESAMT (2009) sowie TRAMP/DIFU/IWH (2006)

### 4.2.3. Wirtschaftliche Entwicklung (BIP)

Der Vergleich der Annahmen in Bezug auf das jährliche Wachstum des BIP (s. Tabelle 3, S.42) zeigt, dass die Studien, die vor der globalen Finanzkrise erstellt wurden, mit 1,5-1,8 % Wachstum die höchsten Werte aufweisen. Nur die Einschätzung im ifmo-Szenario *Globales Wachstum* liegt mit 1,5 % am unteren Rand dieser Gruppe. Dem stetigen Wirtschaftswachstum des ifmo-Szenarios liegt die Annahme zugrunde, dass sich die Bevölkerung zunehmend in den Städten konzentriert und sich diese zu starken Wirtschaftzentren entwickeln, die Zuwanderer (auch aus dem Ausland) anziehen und ein gutes Bildungs- und Sozialsystem bereit stellen[87]. Denkbar ist laut IFMO (2010) jedoch auch eine Stagnation der Wirtschaftsleistung (*Rasender Stillstand*), wenn infolge der Bekämpfung der Krisen und der Auswirkungen des Klimawandels von einer hohen Staatsverschuldung ausgegangen wird, dass diese gemeinsam mit der belastenden Wirkung der Bevölkerungsverluste und –alterung für die sozialen Systeme dämpfend auf die wirtschaftliche Entwicklung wirken[88].

| | Erstellungs-datum | BIP-Wachstum [% p.a.] |
|---|---|---|
| Prognose der deutschlandweiten Verkehrs-verflechtungen 2025 | 2007 | 1,7 |
| Ifmo: *Gereifter Fortschritt* | 2010 | 0,7 |
| Ifmo: *Globale Dynamik* | 2010 | 1,5 |
| Ifmo: *Rasender Stillstand* | 2010 | 0,0 |
| Shell Pkw-Szenarien bis 2030 | 2009 | 1,1 |
| Szenarien der Mobilitätsentwicklung unter Berücksichtigung der Siedlungsstrukturen bis 2050 | 2006 | 1,5 |
| Mobilität 2020 | 2006 | 1,8 |

Tabelle 3: Prognose des jährlichen BIP-Wachstums[89]

### 4.2.4. Entwicklung der Energiekosten

Die Mehrheit der Verkehrsprognosen basiert auf der Annahme steigender Erdöl- und damit Benzinpreise auf Grund der Endlichkeit der Erdölvorkommen. Einzig die Verflechtungsprognose geht von einem Rückgang oder höchstens einem leichten Anstieg des Welt-

---

[87] Vgl. IFMO (2010), S.52

[88] Aus IFMO (2010), S.93

[89] Eigene Darstellung, basierend auf Daten aus: ITP/BVU (2007), ifmo (2010), Shell Deutschland Oil GmbH (2009) sowie TRAMP /Difu/TUD/IWH (2006)

rohölpreises aus[90]. IFMO (2009) prognostiziert einen Anstieg des Erdölpreises auf 100 $/Barrel im Szenario *Globales Wachstum* bzw. auf 200 $/Barrel in den Szenarien: *Gereifter Fortschritt* und *Rasender Stillstand*.

### 4.2.5. Motorisierungsentwicklung

Laut Angaben des Kraftfahrzeugbundesamt liegt der Pkw-Bestand in Deutschland bei 41.737.627 Pkw (Stand 01.01.2010) [91]. Bei 81,5 Mio. Einwohnern berechnet sich die Pkw-Dichte zu 512 Pkw/1.000 Einwohner. Bezogen auf Personen, die über 18 Jahre alt sind, (68,3 Mio. Einwohner im Jahr 2010) beträgt diese 611 Pkw/1.000 Erwachsene.

SHELL (2009) nimmt eine differenzierte Prognose der Motorisierungsentwicklung nach Geschlecht und Altersgruppen vor. Es wird davon ausgegangen, dass sich die Motorisierung der weiblichen Bevölkerung denen der Männer annähert, das Niveau jedoch nicht erreicht. Heute liegt die Motorisierung der Frauen (340 Pkw/1.000 Frauen) bei 40 % der Motorisierung der Männer. In der Annahme, dass der Rückgang der Motorisierung der jungen Bevölkerung (bis 39 Jahre) durch Anstiege der übrigen Altersgruppen überkompensiert wird, prognostiziert SHELL (2009) insgesamt einen Anstieg der Motorisierung auf 630 Pkw/1.000 Einwohner bis zum Jahr 2030.

Leicht über dem Niveau der Shell-Szenarien liegt der prognostizierte Wert der Motorisierung von 625 Pkw/1.000 im Jahr 2025 gemäß der *Prognose deutschlandweiter Verkehrsverflechtungen*.

In den *Szenarien der Mobilitätsentwicklung unter Berücksichtigung der Siedlungsstrukturen bis 2050* wird ein Anstieg der Pkw-Dichte bis 2030 auf 619 (*Status Quo*), 628 *(Dynamische Anpassung)* 676 Pkw/1.000 Erwachsene *(Gleitender Übergang) prognostiziert.* Unter der Annahme, dass der Anteil Erwachsener im Jahr 2030 bei rund 85 % liegt, berechnet sich die Pkw-Dichte bezogen auf die Einwohnerzahl zu 526 (*Status Quo*), 534 *(Dynamische Anpassung)* und 575 Pkw/1.000 Einwohner *(Gleitender Übergang)*. Bis zum Jahr 2050 ist für die Szenarien *Dynamische Anpassung* und *Gleitender Übergang* ein weiterer Anstieg der Motorisierung auf 626 *(Dynamische Anpassung)* und 706 Pkw/1.000 Erwachsene (*Gleitender Übergang*) bzw. 532 und 600 Pkw/1.000 Einwohner prognostiziert. Im Szenario *Status Quo* nimmt der Wert nach 2030 ab, so dass die Motorisierung im Jahr 2050 614 Pkw/1.000 Erwachsene bzw. 600 Pkw/1.000 Einwohner beträgt.

### 4.2.6. Zusammensetzung der Pkw-Flotte

Im Jahr 2009 wurden knapp 99 % des Pkw-Bestandes (41,3 Mio. Fahrzeuge) mit einem Verbrennungsmotor (74,15 % Benzin, 24,90 % Diesel) angetrieben. Die übrigen Fahrzeuge besaßen entweder ei-

---

[90] Vgl. ITP, BVU (2007), S. 54

[91] Entnommen: http://www.kba.de (abgerufen am 17.01.2011)

nen Flüssiggas-, Erdgas- oder Hybrid-Motor. Elektroantriebe spielen eine sehr kleine Rolle[92].

In den untersuchten Prognosen werden die politischen Rahmenbedingungen als maßgebender Faktor für die künftige Flottenzusammensetzung bestimmt (IFMO (2010), SHELL (2009)). Aber auch die Entwicklung der Nachfrage sowie die Selbstverpflichtung und Motivation der Automobilhersteller sind Treiber für Weiterentwicklung existierender Technologien und Innovationen.

Nach IFMO (2010) wird die öffentliche Diskussion um den Klimaschutz zu einer europaweiten konsistenten klimaorientierten Gesetzgebung führen. „Klare Emissionsziele seitens der Gesetzgebung und die Selbstverpflichtung des europäischen Automobilherstellers definieren verlässliche Bedingungen für die Technologieentwicklung im Antriebsbereich." In allen Szenarien setzt sich demnach insbesondere in Ballungsräumen der Elektroantrieb durch, auch wenn eine flächendeckende Ladeinfrastruktur nicht oder nur in Ballungsräumen eingerichtet und das Laden hauptsächlich am eigenen Wohnort, Arbeitsort oder in Tiefgaragen erfolgen wird. Des Weiteren werden Durchbrüche bei Wasserstoff- bzw. Brennstoffzellen-Antriebe prognostiziert, die am Markt jedoch einen geringeren Stellenwert einnehmen werden als der Elektroantrieb[93].

SHELL (2009) untersucht zwei unterschiedliche Entwicklungsszenarien der Flottenzusammensetzung. Im Gegensatz zum Trendszenario, das die Fortsetzung heutiger Trends beschreibt, liegt dem Alternativ-Szenario die Annahme zu Grunde, dass politische Instrumente zur Förderung nachhaltiger Mobilität explizit auf schnellere Modernisierung der Flotte und verstärkte Nutzung alternativer Energien ausgerichtet sind (vgl. Abbildung 21, S.45). Dementsprechend werden Anreize gesetzt, existierende Techniken zu verbessern und neue zu ent-wickeln. Im Ergebnis dominieren alternative Antriebe (unter ihnen vor allem der Hybridantrieb mit 47 %) die Neuzulassungen auf Kosten der konventionellen Antriebe.

Z_PUNKT (2009) stellt einen plausiblen Entwicklungspfad der Entwicklung vom Verbrennungsmotor zur Brennstoffzelle vor (vgl. Abbildung 22, S.45). Unter der Voraussetzung, dass es zu einem Innovationsschub am Markt kommen wird und das Auto nach wie vor einen hohen Stellenwert in der Bevölkerung haben wird (Szenario *Aus Liebe zum Grünen Automobil*) ist eine Umstellung entlang dieses Pfades denkbar. Einen geringen Erfolg alternativer Antriebe prognostiziert Z_PUNKT im Szenario *Fortschritt durch Zwang*, das auf der Annahme basiert, dass künftig politischen Rahmenbedingungen und eine schlechte wirtschaftliche Entwicklung die maßgebenden Treiber von Veränderungen sind[94].

---

[92] Vgl. FOCUS (2009), S. 23

[93] Vgl. IFMO (2010), S.28/29, 68/69 sowie 104/105

[94] Vgl. GLÖCKNER/RODENHÄUSER (2008) und Einschätzung Prof. Bäker (Kapitel 5.5)

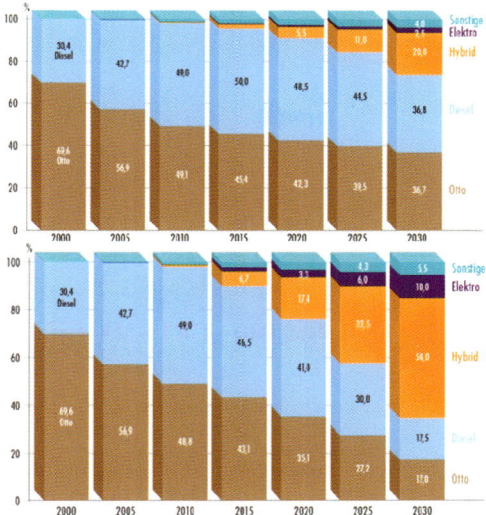

Abbildung 21: Shell - Neuzulassungen nach Antriebsarten, "Automobile Anpassung" (oben), "Auto-Mobilität im Wandel" (unten)[95]

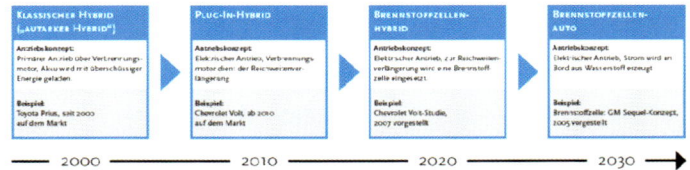

Abbildung 22: Entwicklungspfad vom Verbrenner zur Brennstoffzelle[96]

## 4.3. Ausgewählte Kennziffern der Verkehrsentwicklung

### 4.3.1. Personenverkehrsleistung

Im internationalen Vergleich der spezifischen Personenverkehrsleistung liegt Deutschland mit 12.400 km pro Einwohner und Jahr knapp hinter dem Spitzenreiter, den USA, mit 14.800 km. Auf Grund der voraussichtlichen Bevölkerungsverluste und der vergleichsweise geringen wird die Gesamtverkehrsleistung in Deutschland lediglich um 0,1 % im Jahr steigen, also fast stagnieren. Die globale Entwicklung der Personenverkehrsleistung wird künftig eher von Ländern wie China, Indien, Brasilien und dem Nachholbedarf osteuropäischen Länder determiniert[97].

---

[95] Entnommen: SHELL DEUTSCHLAND OIL GMBH (2009), S.32

[96] Entnommen: GLÖCKNER/RODENHÄUSER (2008), S. 4

[97] Vgl. ANDERS/DREWITZ (2010)

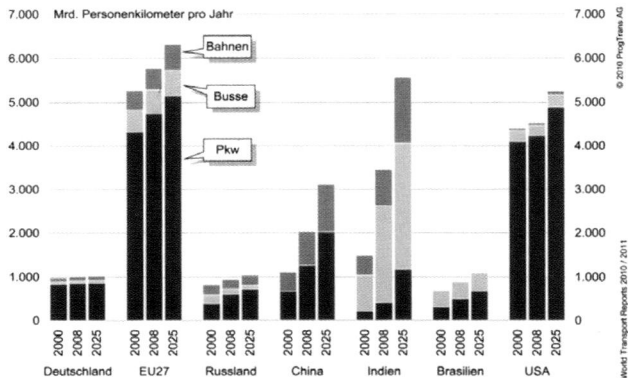

Abbildung 23: Entwicklung der gesamtmodalen Personenverkehrsleistung in ausgewählten Ländern und Regionen 2000 – 2008 – 2025[98]

Um die prognostizierte Personenverkehrsleistung in Deutschland, die die ausgewählten Studien mit unterschiedlichen Basis- und Prognosejahren bestimmen, gegenüberzustellen, wurde der prozentuale jährliche Zuwachs bezogen auf das Jahr 2009 berechnet. Die Gegenüberstellung (Abbildung 24) zeigt deutliche Unterschiede der prognostizierten Entwicklung der Personenverkehrsleistung. Die Studie *Mobilität 2020* enthält lediglich Werte zur prognostizierten Verkehrsleistung des MIV und ist daher hier nicht mit aufgeführt.

Die erwartete Veränderung der Personenverkehrsleistung zwischen 2009 und 2030 der Szenarien von IFMO (2010) sowie von TRAMP/DIFU/IWH (2006) liegen zwischen -8 % (*Rasender Stillstand*) und 5 % (*Gleitender Übergang*). Die *Prognose deutschlandweiter Verkehrsverflechtungen*, deren Annahmen zur wirtschaftlichen und demographischen Entwicklung (vgl. 4.2.2 sowie 4.2.3, S.42) über denen der übrigen Studien lagen, erwartet bereits im Jahr 2025 bezogen auf das Jahr 2009 ein Zuwachs von 13 %. Das ist deutlich mehr als in den übrigen Studien, die zwischen 2009 und 2025 eine Veränderung der Personenverkehrsleistung zwischen -7 % (*Rasender Stillstand*) und 4 % (*Gleitender Übergang*) prognostizieren. Ursache dieser Unterschiede dürften Annahmen sein, die den Einfluss der Wirtschaftskrise und aktueller Trends (Kapitel 3) noch nicht berücksichtigen konnten.

---

[98] Entnommen: ANDERS/DREWITZ (2010), S. 53

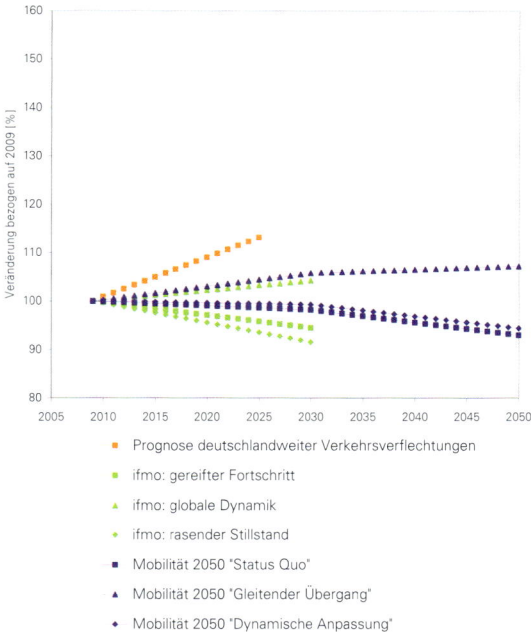

Abbildung 24: Entwicklung der Personenverkehrsleistung bezogen auf 2009[99]

Zur Erläuterung der Unterschiede zwischen den ifmo-Szenarien werden die zugrunde liegenden Annahmen weiter präzisiert. Allgemein geht IFMO (2010) von einer Abnahme der Pendelentfernungen resultierend aus der zunehmenden Konzentration der Bevölkerung in den Ballungsräumen aus. Diese werden im Szenario *Globale Dynamik* durch die Zunahme der Fernpendler zwischen den Ballungsräumen kompensiert. Ein solcher Ausgleich gelingt im Szenario *Rasender Stillstand* nicht. Auch die stagnierende wirtschaftliche Entwicklung trägt durch ihren Einfluss auf das verfügbare Mobilitätsbudget und den Arbeitsmarkt zu einer Abnahme der Personenverkehrsleistung von insgesamt 8 % bis 2030 in diesem Szenario bei. Das Szenario *Gereifter Fortschritt* basiert zwar auf einer wachsenden Wirtschaftsentwicklung, einhergehend mit einem zunehmenden Mobilitätsbudget, allerdings wird hier davon ausgegangen, dass sich auch die Mobilitätskosten deutlich erhöhen, so dass die Personenverkehrsleistung um 5 % bis 2030 sinkt.

## 4.3.2.  Güterverkehrsleistung

Auch für die Güterverkehrsleistung wurden die Angaben der unterschiedlichen Prognosen auf prozentuale Veränderungen in Bezug zu

---

[99]  Eigene Darstellung, basierend auf Daten aus: ITP/BVU (2007), IFMO (2010) sowie TRAMP/DIFU/TUD/IWH (2006)

2009 umgewandelt. Der Vergleich der prognostizierten Güterverkehrsleistung zeigt ein ähnliches Bild wie die Personenverkehrsleistung (vgl. Abbildung 25).

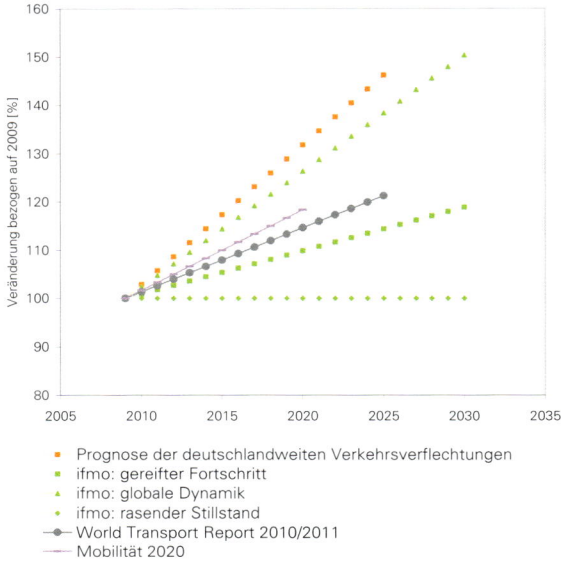

Abbildung 25: Entwicklung der Güterverkehrsleistung bezogen auf 2009[100]

Auch hier liegt die *Prognose der deutschlandweiten Verkehrsverflechtungen* mit einem prognostizierten Wachstum der Güterverkehrsleistung von 71 % bei gleichzeitiger Zunahme der Transport-
weite um 22 % vorn. Es folgen die ifmo-Szenarien mit 38, 14 und
0 % bis 2025 bzw. 50, 20 und 0 % bis 2030. Als maßgebender Faktor
für die Zuwächse der Szenarien *Globales Wachstum* und *Gereifter
Fortschritt* wird die Zunahme der Entfernungen angegeben, während das Verkehrsaufkommen nahezu konstant ist. In diesen beiden
Szenarien bewirkt hauptsächlich der zunehmende Export das überproportionale Wachstum der Güterverkehrs- im Vergleich zur Wirtschaftsleistung. Die Auswirkungen eines Stillstandes des Exports
infolge einer Stagnation der Weltwirtschaft für die Güterverkehrsleistung zeigt das Szenario *Rasender Stillstand*.

Die prognostizierte Zunahme der Güterverkehrsleistung von
ProgTrans liegt ebenfalls unter der *Prognose der deutschlandweiten Verkehrsverflechtungen*. Sie befindet sich mit etwa 20 % Zuwachs bis 2025 zwischen den ifmo-Szenarien *Globales Wachstum*
und *Gereifter* Fortschritt. Dabei liegt der Wert des *WTR 2010/2011*
unterhalb der acatech-St*udie Mobilität 2020*, die bis 2020 ein
Wachstum der Güterverkehrsleistung von 18 % erwartet.

---

[100] Eigene Darstellung basierend auf Daten aus: ITP/BVU (2007); IFMO (2010) sowie
ROMMERSKIRCH (2010)

### 4.3.3. Entwicklung Modal Split

Gemäß der *Prognose der deutschlandweiten Verkehrsverflechtungen* werden bis 2025 die Modal Split-Anteile des Luftverkehrs zulasten der MIV- und ÖV-Anteile zunehmen. Zunahmen des ÖV-Anteils sind laut IFMO (2010) sowohl unter Annahme einer prosperierenden als auch einer stagnierenden Wirtschaft denkbar. Während im Szenario *Rasender Stillstand* viele Personen hauptsächlich aus wirtschaftlichen Gründen auf den ÖV angewiesen sind, bewirken im Szenario *Globale Dynamik* neben gestiegenen Kosten auch ordnungs-, umwelt- und preispolitische Maßnahmen sowie eine pragmatischere Verkehrsmittelwahl eine Zunahme des ÖV (vgl. Tabelle 4).

| | MIV | ÖV (o. Luft) | Luft |
|---|---|---|---|
| *Prognose deutschlandweiter Verkehrsverflechtungen* | ↓ | ↓ | ↑ |
| Ifmo: *Gereifter Fortschritt* | → | → | → |
| Ifmo: *Globale Dynamik* | ↓ | ↑ | ↑ |
| Ifmo: *Rasender Stillstand* | ↓ | ↑ | ↓ |

Tabelle 4: Tendenzen der Entwicklung des Modal Split im Personenverkehr

Im Güterverkehr erwarten alle aufgeführten Studien Verluste der Anteile des Schiffverkehrs. Mit Ausnahme des Szenarios *Globale Dynamik* werden anteilige Zuwächse des Straßengüterverkehrs erwartet. Die Stagnation des Anteils des Straßengüterverkehrs wird in diesem Szenario durch die starken Zuwächse der Entfernungen des Schienenverkehrs begründet (vgl. Tabelle 5, S.50). Als Wesentliche Voraussetzung für die damit verbundenen Zuwächse im Schienenverkehr sind die Interoperabilität des Schienenverkehrs in Europa, die Stärkung der Schiene durch die Politik sowie attraktivere Angebote der Güterverkehrsanbieter genannt[101].

---

[101] Vgl. IFMO (2010), S. 88

| | Straße | Schiene | Schiff |
|---|---|---|---|
| *Prognose deutschlandweiter Verkehrsverflechtungen* | ↑ | ↓ | ↓ |
| Ifmo: *Gereifter Fortschritt* | ↑ | → | ↓ |
| Ifmo: *Globale Dynamik* | → | ↑ | ↓ |
| Ifmo: *Rasender Stillstand* | ↑ | ↓ | ↓ |

Tabelle 5: Tendenzen der Entwicklung des Modal Split im Güterverkehr

### 4.3.4. $CO_2$-Emissionen

Die Bundesregierung plant bis 2020 eine Reduktion der Treibhausgasemissionen um 40 % (bezogen auf das Basisjahr 1990)[102]. Zwischen 1990 und 2007 wurden insgesamt in Deutschland bereits 18,8 % $CO_2$-Emissionen eingespart. Die verkehrsbedingten $CO_2$-Emissioonen sanken in diesem Zeitraum lediglich um 6,6 %, die straßenverkehrsbedingten nur um 4,2 %, so dass der Anteil der verkehrsbedingten Emissionen an den Gesamtemissionen von 15,7 auf 18,1 % und der des Straßenverkehrs von 14,5 % auf 17,1 % angestiegen ist[103].

Quantifizierte Aussagen zur künftigen Entwicklung der $CO_2$-Emissionen des Pkw-Verkehrs in Deutschland sind sowohl in den Pkw-Szenarien von SHELL (2009) als auch in der *Prognose deutschlandweiter Verkehrsverflechtungen* zu finden. Außerdem erfolgt bei IFMO (2010) eine qualitative Einschätzung der Emissionen in den Szenarien.

SHELL (2008) unterstellt neben den bereits beschriebenen Annahmen zur künftigen Flottenzusammensetzung zusätzlich einen Anteil von 10 % (*Trendszenario*) bzw. 15 % (*Alternativ-Szenario*) Biokomponenten im Kraftstoff im Jahr 2030. In der Verflechtungsprognose des Bundes beträgt dieser 9,69 % für Dieselkraftstoff bzw. 5,05 % für Ottokraftstoff im Jahr 2025.

Die prognostizierten Emissionen bis 2025 bzw. 2030 zeigt **Abbildung 26**[104]. Im Jahr 2025 werden demnach Pkw in Deutschland im Jahr 2030 zwischen 85,9 (SHELL: *Automobile Anpassung*) und 69 Mio. t $CO_2$ (SHELL: *Auto-Mobilität im Wandel*) emittieren. Das entspricht gegenüber 2005 einer Abnahme von 23 bzw. 28 %. Die erwarteten Emissionen gemäß der *Prognose der deutschlandweiten Verkehrsverflechtungen* liegen in etwa in der Größenordnung des Trendszenarios von SHELL (2009).

---

[102] Vgl. BMU (2007)

[103] Vgl. UBA (2009), S. 38

[104] direkte Emissionen

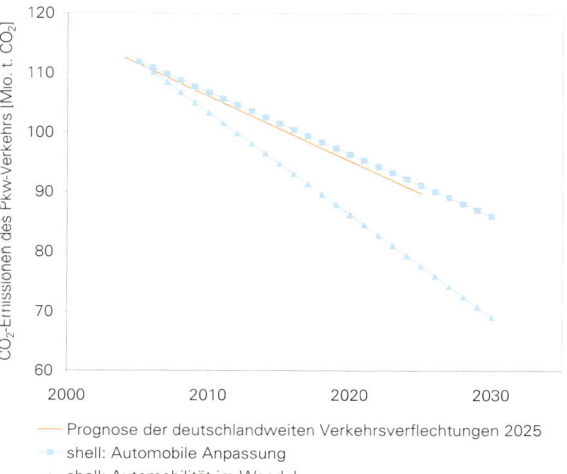

Abbildung 26: Entwicklung der $CO_2$-Emissionen des Pkw-Verkehrs[105]

In SHELL (2010) werden neben den prognostizierten $CO_2$-Emissionen der Pkw auch die der Nutzfahrzeuge abgebildet. Das Ergebnis zeigt, dass Emissionsreduktionen hauptsächlich durch den Pkw-Verkehr erzielt werden können. Dabei werden die Einsparungen des Pkw-Verkehrs durch die erwarteten Zunahmen der Nutzfahrzeugemissionen kompensiert (vgl. Abbildung 27).

Im Gegensatz zu den abgebildeten Szenarien, die ausschließlich eine Abnahme der $CO_2$-Emissionen prognostizieren, erwartet IFMO (2010) im Szenario *Globale Dynamik* eine Stagnation dieser. Eine „moderate Reduktion" stellt sich für das Szenario *Gereifter Fortschritt* und eine „deutliche Reduktion" im Szenario *Rasender Stillstand* ein.[106]

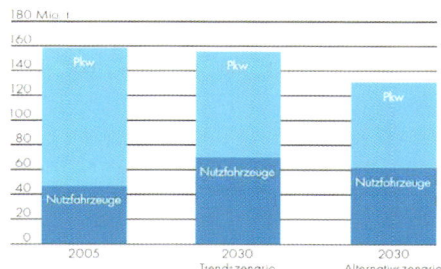

Abbildung 27: Entwicklung der $CO_2$-Emissionen bei Pkw und Nutzfahrzeugen nach der Shell-Studie[107]

---

[105] Eigene Darstellung, basierend auf Daten aus: SHELL (2009) sowie TRAMP/DIFU/TUD/IWH (2006)

[106] Vgl. IFMO (2010), S. 128

[107] Entnommen: SHELL (2010b), S. 61

## 4.4. Zusammenfassung der Auswertung der Prognosen und Szenarien zum zukünftigen Verkehr in Deutschland

Die dargestellten nationalen Szenarien und Prognosen zeigen eine ähnliche Bandbreite wie die eingangs vorgestellten globalen Studien. Auch die Schwerpunksetzungen weisen Ähnlichkeiten auf. So finden sich unter den Szenarien der Verkehrsentwicklung Erwartungen, die großes Vertrauen in wirtschaftliches Wachstum setzen (*Prognose der deutschlandweiten Verkehrsverflechtungen, Mobilität 2020*), und andere, die eher Krisen für möglich halten (z. B. ifmo: *Rasender Stillstand*). Auch hier spielen die bereits diskutierten Megatrends eine große Rolle: Demographie, Wirtschaft, Umweltpolitik sowie Werte und Verhalten der Gesellschaft.

Die Mehrheit der untersuchten Prognosen und Szenarien betrachteten einen Zeitraum zwischen 15 und 25 Jahren. Allen Studien liegt die Annahme zu Grunde, dass die Bevölkerungsanzahl in Deutschland abnimmt, allerdings zeigen sich Unterschiede bzgl. der Größenordnung des Rückganges. Die für den BMVBS erstellte Prognose der deutschlandweiten Verkehrsverflechtungen schätzte alle verkehrserzeugenden Parameter im Vergleich mit den anderen Prognosen am höchsten ein, sodass im Ergebnis auch die Verkehrsleistungen sowohl des Personen- als auch des Güterverkehrs am höchsten liegen.

In Bezug auf die wirtschaftliche Entwicklung lassen sich Szenarien mit hohen Wachstumserwartungen (BIP > 1,5 % p. a.) und mit Annahmen mäßigen Wachstums (BIP 0,0-0,7 % p. a.) unterscheiden. Zur ersten Gruppe zählen die Studien, die vor der globalen Finanzkrise erstellt wurden (*Prognose der deutschlandweiten Verkehrsverflechtungen, Szenarien der Mobilitätsentwicklung unter Berücksichtigung der Siedlungsstrukturen bis 2050* sowie *Mobilität 2020*). Die Notwendigkeit, Prognosen nach diesem einschneidenden Ereignis an die veränderten Rahmenbedingungen anzupassen, wurden in Abschnitt 3.3 diskutiert.

Trotz deutlicher Anzeichen einer sich ändernden Einstellung der Gesellschaft zum Pkw-Besitz (vgl. Abschnitt 4.2, S. 40), gehen alle untersuchten Studien von einer Zunahme der Motorisierungskennziffer aus. Lediglich SHELL (2009) berücksichtigt den sinkenden Pkw-Besitz bei jungen Menschen, der jedoch insgesamt durch den Anstieg des Pkw-Besitzes bei den Senioren überkompensiert wird. Ergebnisse von Mobilität in Städten (SrV 2008) zeigen, dass sich seit 2003 die Anzahl von Haushalten ohne Pkw in Pegelstädten von 34 auf 37 % erhöht hat[108]. Es bleibt abzuwarten, ob sich die beobachteten Rückgänge der Autonutzung als stabiler Trend herausstellen werden. Die nächsten Aufschlüsse werden SrV und MiD im Jahre 2013 und voraussichtlich 2016 ermitteln. Alles deutet darauf hin, dass dann auch hier eine Überarbeitung der Annahmen vorzunehmen ist.

---

[108] vgl. AHRENS/HUBRICH/LIEßKE (2010)

Der internationale Vergleich der Personenverkehrsleistung zeigt, dass die Änderungen in Deutschland verhältnismäßig gering sind. Dennoch ist die Frage nach Zu- oder Abnahme dieser Kennziffern für die Zukunft des Verkehrs und das Erreichen der $CO_2$-Minderungsziele in Deutschland von zentraler Bedeutung. Hier besteht jedoch keine Übereinstimmung oder Annäherung der Annahmen. Die Bandbreite der prognostizierten Entwicklung der Personenverkehrsleistung reicht von einer Zunahme um 13 % zwischen 2009-2025 (*Prognose Deutschlandweiter Verkehrsverflechtungen*) bis zu einer Abnahme um 7 % im gleichen Zeitraum (ifmo: *Rasender Stillstand*). Dies verdeutlicht zum einen die große Unsicherheit bzgl. der künftigen Entwicklung und zum anderen, wie groß der Spielraum ist, auf den Politik und Gesellschaft sich einstellen müssen. Um sie Potentiale auszuschöpfen, sind klare Strategien und Maßnahmenkonzepte erforderlich.

Bzgl. der Güterverkehrsleistung besteht Einigkeit, dass nicht mit einer Abnahme zu rechnen ist. Lediglich ein Szenario beschreibt eine Stagnation (ifmo: *Rasender Stillstand*). Zunahmen liegen im Bereich zwischen 14 und 71 %. Am größten ist auch hier wieder das prognostizierte Wachstum der *Prognose deutschlandweiter Verkehrsverflechtungen*.

Nach der Untersuchung der künftigen $CO_2$-Emissionen des Pkw-Verkehrs (S. 50) ist eine Abnahme zu erwarten. Diese wird in den dargestellten Studien maßgeblich auf technologische Fortschritte zurückgeführt. Für den Straßengüterverkehr ist nach SHELL/DLR/HWWI (2010) mit einer Überkompensation der Emissionsminderung durch die Zunahme der Fahrleistung zu erwarten. Diese dämpft die Abnahme der der straßenbedingten Emissionen. Eine Abnahme der Gesamtemissionen kann damit erreicht werden, wenn auch nicht in angestrebtem Umfang. Hierzu sind weitere Reduktionen der Fahrleitung, insbesondere durch nicht technische Maßnahmen erforderlich.

# 5. Einschätzungen und Konzepte

Den 60. Jahrestag der ersten Gründung einer verkehrswissenschaftlichen Fakultät in Dresden nahmen die heutige Fakultät für Verkehrswissenschaften „Friedrich List" der Technischen Universität Dresden und ihr Förderer- und Freundeskreis – das Friedrich-List-Forum Dresden e.V. – zum Anlass, das 9. Friedrich-List-Symposium am 11. und 12. November 2010 als eine besondere Festveranstaltung auszurichten. Unter dem Titel „Zukunft des Verkehrs – 60 Jahre Verkehrswissenschaften in Dresden" traten ausgewiesene Zukunftsforscher, Wissenschaftler und Vertreter der Verkehrssparten auf und stellten ihre Erwartungen und Einschätzungen vor.

Die dort versammelte Kompetenz wurde für die Erstellung des Berichtes genutzt. Damit können die bisher dargelegten Sachverhalte mit den Einschätzungen der Vertreter aus den Verkehrssparten gespiegelt werden.

Ergänzende Informationen sowie die Folien der Vorträge des 9. Friedrich-List-Forums sind unter www.friedrich-list-forum.de/ abrufbar. Die DEUTSCHE VERKEHRSWISSENSCHAFTLICHE GESELLSCHAFT E. V. (2011) veröffentlichte die Kurzfassung der Vorträge[109]. Die Einführungs- und Schlussvorträge von Herrn Prof. Dr. Dr. Franz-Josef Radermacher (globale Szenarien) und Herrn Prof. Dr. Dr. h. c. (em.) Gerd Aberle (kritischer Ausblick) sowie das Programm des Symposiums sind dem Anlagenteil der Langfassung des Berichtes zu entnehmen.

## 5.1. Städte und Kommunen[110]
## (Prof. Dr. oec. habil. Ulrike Stopka)

### 5.1.1. Herausforderungen für Städte und Kommunen

Städte und Stadtregionen sind zentrale Lebensräume der Menschen und herausgehobene Standorte des wirtschaftlichen Austauschs und der wirtschaftlichen Entwicklung. Mehr als 70 % der europäischen Bevölkerung lebt in Städten und Verdichtungsräumen, die von entscheidender Bedeutung für Wachstum und Beschäftigung sind. In den EU-Ländern werden 85 % des Bruttoinlandsproduktes in Städten erzeugt[111].

Verkehrschaos oder Green Cities? Die Motorisierung der Bevölkerung Europas und das Verkehrsaufkommen werden zukünftig insgesamt weiter stark ansteigen, schwerpunktmäßig in rasch wachsenden Städten. Vor allem in den osteuropäischen Ländern (Polen, Lettland, Litauen, Bulgarien) ist aufgrund der wirtschaftlichen Aufholprozesse eine Verdopplung der PKW-Dichte pro 1.000 EW in den

---

[109] DVWG (2011)

[110] Vgl. OROSZ (2010)

[111] Vgl. KOM (2009), S. 2

Jahren 1995 – 2006 gegenüber einem Zuwachs von ca. 18 % im gleichen Zeitraum in den ehemaligen EU-15 Staaten zu verzeichnen[112].

Die Mobilitätsansprüche der Menschen wachsen und bewirken ein dichtes Verkehrsaufkommen in Agglomerationen, Konzentration verkehrsbedingter Belastungen und Ressourcenbeanspruchung (Flächenverbrauch, Lärm, Gesundheitsbelastungen durch fehlende Bewegungsräume, $CO_2$-Emissionen, stadtklimatische Beeinträchtigungen, Verkehrsunfälle, Stau- und Parkplatzprobleme)[113]. Stadtgebiete werden daher zum Versuchslabor für technologische und organisatorische Verkehrsinnovationen, sich verändernde Mobilitätsmuster und neuartige Finanzierungslösungen. In diesem Zusammenhang mahnt die Europäische Kommission die Bewältigung der mit der Urbanisierung verbundenen Herausforderungen als einen wesentlichen Baustein für die nachhaltige Entwicklung von Verkehrssystemen an.

Der Alltagsverkehr in städtischen Regionen ist vor allem Nah- und Regionalverkehr. Darüber hinaus ist die urbane Mobilität aber auch ein zentraler Faktor des Fernverkehrs. Sowohl der Personen- als auch der Güterverkehr nimmt seinen Ausgangspunkt zumeist in Stadtgebieten, durchquert diese häufig oder endet in städtischen Arealen, so dass diese einerseits effiziente Anschlüsse an das transeuropäische Verkehrsnetz und andererseits günstige Anbindungen für die „letzte Meile" bieten müssen[114].

In Bezug auf die raumstrukturelle Entwicklung gibt es in Deutschland den Trend „zurück in die Stadt", nicht zuletzt als Folge des demographischen Wandels[115]. Für die Bürger wird daher urbane Mobilität immer wichtiger. 9 von 10 EU-Bürgern halten die Verkehrssituation in ihrem Umfeld für verbesserungswürdig[116]. Der Europäische Aktionsplan für urbane Mobilität vom April 2009 listet hierzu für die Jahre 2009 - 2012 praktische kurz- und mittelfristige Maßnahmen auf, wie z.B.[117]

- Handhabung des Zugangs zu Umweltzonen,
- Optimierung der Verknüpfung von städtischem Personen- und Güterverkehr,
- stärker individualisierte Reiseinformationen,
- Verbesserung der Zugangsmöglichkeiten für behinderte Menschen,
- Unterstützung von Forschungs- und Demonstrationsprojekten für emissionsarme und emissionslose Fahrzeuge,

---

[112] Vgl. EUROSTAT (2009)

[113] Vgl. BECKMANN (2009), S. 1

[114] Vgl. KOM (2009), S. 2

[115] Vgl. hierzu Abschnitt 3.2.4, S. 26

[116] Vgl. EUROPEAN COMMISSION (2007)

[117] Vgl. KOM (2009), S. 13

- intelligente Verkehrssysteme zur Förderung der urbanen Mobilität, angefangen von Verkehrsmanagementsystemen bis hin zur interoperablen Gestaltung von dienste- und verkehrsträgerunabhängigen Ticket- und Bezahlsystemen.

Derartige Aktionspläne der Europäischen Kommission können den verantwortlichen Akteuren die Vorteile regionenübergreifender kompatibler Lösungen näherbringen und den Ausbau von mobilitätsgerechten Stadtgebieten befördern, die konkrete Umsetzung bleibt aber immer bei den zuständigen örtlichen kommunalen und regionalen Instanzen. In diesem Zusammenhang ist auch der Verkehrsentwicklungsplan Dresden für den Zeithorizont 2025 einzuordnen, dessen Ziel darin besteht, die Voraussetzungen für die Gewährleistung von Aufenthalts- und Lebensqualitäten durch eine bürgernahe umweltorientierte Verkehrssystemgestaltung hinsichtlich

- Verkehrsmitteleinsatz,

- anzustrebendem Modal Split,

- intermodaler Verkehrserschließung einzelner Stadtgebiete,

- Flächenbereitstellung,

- Verkehrsleistung/Einwohner,

- Emissionsbegrenzung,

- Verkehrsgeschwindigkeit (Diskussion um Tempo 30 als stadtverträgliche Regelgeschwindigkeit)[118] und

- Sicherstellung einer situationsgerechten Intermodalität

zu schaffen. Daraus ergibt sich die Notwendigkeit, den verschiedenartigen Funktionsanforderungen, denen städtische Gebiete in Hinblick auf Lebens-, Kultur- und Gestaltungsräume, aber auch Verkehrs-, Wirtschafts- und Wohninfrastrukturen genügen müssen, interessenausgleichend und ganzheitlich gerecht zu werden.

Angesichts der Verkehrsüberlastung und der zunehmenden territorialen Ausdehnung der Städte, stehen nahezu alle europäischen Metropolen vor der Aufgabe, effizientere urbane Verkehrssysteme zu etablieren. Daher hat die EU ein vitales Interesse daran, im Rahmen lokaler Strategien neue Lösungsansätze auszutauschen, die den Verkehrsunternehmen, der Wirtschaft und den Bürgern gleichermaßen zugutekommen. Dies ist u. a. ein erklärtes Ziel von POLIS.

POLIS ist ein Verband von europäischen Städten und Regionen, an dem ca. 70 Kommunen, regionale Behörden, ÖPNV-Unternehmen, Verkehrs- und Mobilitätsverbünde sowie Forschungsinstitute partizipieren. Anliegen dieses 1989 gegründeten Netzwerkes ist es, seine Mitglieder bei der Konzeption und Umsetzung innovativer integrierter Verkehrssysteme zu unterstützen, Best Practices auszutauschen und auf diese Weise die Stadtentwicklungspolitik enger mit den Zielstellungen Effizienz im Verkehr, nachfragegerechte Mobilität, Straßenverkehrssicherheit, Umwelt und Gesundheit zu verknüpfen.

---

[118] Vgl. WISSENSCHAFTLICHER BEIRAT BEIM BMVBS (2010), S. 14ff

Dies geschieht unter sich drastisch verändernden Rahmenbedingungen, die im Referat durch Frau Orosz folgendermaßen beschrieben wurden:

- Mobilität und Verkehr sind stärker als bisher von verkehrsfrem-
  den Entwicklungen abhängig. Zunehmende Globalisierung,
  kaum vorhersagbare wirtschaftliche und finanzielle Schwankungen (Krisen), steigende Preise für endliche Rohstoffe (z.B. Erdöl)
  sowie Klimaveränderungen sind Beispiele solcher Rahmen- und
  Entwicklungsbedingungen.

- Es ist in verstärktem Maße erforderlich, sich auf die Auswirkungen des demographischen Wandels in den europäischen Ländern einzustellen, der damit einhergeht, dass die Bevölkerungszahlen zurückgehen, dabei jedoch das Lebensalter steigt und die
  Anforderungen an die Erfüllung von Lebens-, Verkehrs- und
  Mobilitätsbedürfnissen individueller werden.

- Das Vorhalten einer den differenzierten Mobilitätsanforderungen
  adäquaten Verkehrsinfrastruktur ist an wachsende Finanzie-
  rungsbedarfe für deren Erhalt und Sanierung geknüpft. Neuinvestitionen werden vor dem Hintergrund der damit verbundenen
  Verfügbarkeit von Finanzressourcen deutlich schwieriger.

- Durch die zunehmende individuelle Motorisierung bzw. die in
  den letzten Jahrzehnten stetig gestiegene Nutzung von Kraftfahr-
  zeugen haben sich Lärm- und Luftschadstoffbelastungen sowie
  Unfallrisiken in den rasch aufholenden Ländern erhöht und
  schlagen sich als Verschlechterung urbaner Lebensqualität nie-
  der.

- Europäische und darauf aufsetzende nationale Verordnungen
  bzw. Gesetzgebungen (z.B. zur Luftreinhaltung, Liberalisierung
  der Verkehrsmärkte im ÖPNV) geben Anpassungserfordernisse
  vor, die teilweise erheblichen Einfluss auf die Mobilitäts- und
  Verkehrsentwicklung haben.

Ausgehend von vielbeachteten intelligenten Lösungsansätzen, die
die Region Dresden im Verkehrs- und Mobilitätsbereich in den letzten Jahren umgesetzt hat, wie z.B.

- die CarGo-Tram, eine Güterstraßenbahn zur Belieferung der Glä-
  sernen Manufaktur (VW),

- das Verkehrs-Analyse-, -Management- und -Optimierungssystem
  VAMOS, das der dynamischen automatisierten Verkehrsfluss-
  steuerung dient,

- der Einsatz neuartiger Mobilitätsinformationsmedien oder

- das in Entwicklung befindliche LKW-Führungssystem,

wurden im weiteren Verlauf insbesondere die Herausforderungen
an die künftige Gestaltung der Mobilität in städtischen Ballungsräumen, nicht zuletzt unter dem Blickwinkel der europäischen Perspektive des Netzwerkes POLIS, thematisiert.

Die erforderlichen Handlungsstrategien zielen grundsätzlich darauf
ab, die Zugänglichkeit der Städte für die Bürger und die Wirtschaft
und deren Mobilität zu wahren. Dies ist zugleich mit der Verbesse-

rung der Lebensqualität und dem Umweltschutz in Einklang zu bringen. Dabei stehen die Städte vor folgenden Herausforderungen, die im Rahmen eines integrierten Ansatzes bewältigt werden müssen:

(1) Förderung, Implementierung und Verbreitung ökonomisch-organisatorischer und technischer Innovationen des Stadtverkehrs

(2) Schaffung neuer Allianzen zur Verbesserung der Nahraumerreichbarkeit städtischer Infrastruktureinrichtungen und damit zur Stärkung der nicht-motorisierten Mobilität

(3) Sicherung des Finanzierungsbedarfs für kommunale Verkehrsinfrastrukturen und Betriebsleistungen im öffentlichen Verkehr als Gemeinschaftsaufgabe von Bund, Ländern und Gemeinden

### 5.1.2. Ausgewählte Strategien, Einschätzungen sowie Handlungsoptionen und -erfordernisse

**(1) Förderung, Implementierung und Verbreitung ökonomisch-organisatorischer und technischer Innovationen des Stadtverkehrs**

Die Möglichkeiten zur Umsetzung organisatorischer und technischer Innovationen des Stadtverkehrs sind äußerst vielgestaltig. Sie reichen von der Elektromobilität über Maßnahmen zur intelligenten Verkehrssteuerung durch Verkehrsmanagementsysteme bis hin zu Konzepten wie „Shared Space".

So beteiligt sich der Freistaat Sachsen im Rahmen des Konjunkturpaketes II der Bundesregierung mit der Innovationsplattform „Electric Street Saxony" am Schwerpunkt Elektromobilität und repräsentiert mit den Ballungszentren Dresden und Leipzig eine von 8 Modellregionen in Deutschland. Dabei geht es sowohl um Elektrofahrzeuge für den ÖPNV wie Elektrobusse oder schnellladefähige Hybridbusse, die perspektivisch an Haltestellen und Endpunkten „nachtanken" können, als auch um Elektroautos für den Individualverkehr verbunden mit dem Aufbau einer intelligenten Ladeinfrastruktur.

Das Konzept „Shared Space" wird als neuer Ansatz der Raumplanung zur Aufhebung der herkömmlichen Trennung verschiedener räumlicher Funktionen im öffentlichen Bereich und auf Straßen diskutiert. Durch das Fehlen von Fahrbahnen, Fußwegen, Radwegen, Parkflächen, Verkehrsschildern, Fußgängerinseln, Ampeln, Bodenmarkierungen und sonstigen Barrieren in kleinen städtischen Zonen bzw. auf kurzen Strecken wird basierend auf gegenseitiger Rücksichtnahme der Verkehrsteilnehmer die Verbesserung der räumlichen und sozialen Qualität bebauter und unbebauter Areale angestrebt. Es handelt sich hierbei praktisch um eine Weiterentwicklung von schon heute nach dem Mischungsprinzip gestalteter Haupt- und Geschäftsstraßen wie Tempo-30-Zonen, Spielstraßen, verkehrsberuhigte Bereiche, Rechts-vor-Links-Regelungen, Rechtsfahrgebot etc. Ein Pilotprojekt nach dem Shared Space-Ansatz wird in Deutschland beispielsweise in Bohmte (13.600 Einwohnerstadt im

Landkreis Osnabrück) auf einer Länge von ca. 500 m im Ortszentrum realisiert. Analoge Ansätze finden sich in Bremen, Hamburg, Hannover sowie in kleineren Städten Hollands und der Schweiz.

Auch wenn dieses Konzept häufig mit dem Attribut „diffus" versehen wird und die Vor- und Nachteile bei Weitem noch nicht empirisch belegt sind, begrüßt beispielsweise der Verband Deutscher Verkehrsunternehmen (VDV) generell die Zielsetzung, Stadträume wieder von der reinen Verkehrsfunktion in Lebensräume für alle zurückzuverwandeln und auf bewusstes soziales Verkehrsverhalten zu setzen.

Innovationen im Bereich von Verkehrsmanagementsystemen umfassen Maßnahmen zur Steuerung komplexer Verkehrsprozesse sowie zur Verkehrslenkung und -leitung, wie dies beispielsweise durch das System VAMOS in Dresden erfolgt. Grundlage des Systems sind online einlaufende Verkehrsdaten von über 1.000 Messstellen aus dem städtischen Straßennetz und den Autobahnen im Raum Dresden. Hinzu kommen online-Daten des parkenden Verkehrs, der öffentlichen Verkehrsmittel sowie Floating-Car Data von ca. 450 Taxis. Diese Daten werden in den Rechnern der VAMOS-Zentrale an der TU Dresden verarbeitet, minütlich neu ausgewertet und zu einem aktuellen Verkehrslagebild zusammengefasst. Erkannte Störungen des Verkehrsablaufs führen zu vollautomatisch geschalteten Steuerungsmaßnahmen, um die Verkehrsteilnehmer zu informieren und entsprechend der gegebenen Verkehrslage optimiert zu leiten. Durch Map-Matching entstehen Meldungen zu Rückstaulängen und aktueller Verkehrsdichte, Wartezeiten an Lichtsignalanlagen, Belegungszuständen von Parkeinrichtungen etc. Diese werden über frei programmierbare Verkehrsinformationstafeln den Verkehrsteilnehmern angezeigt bzw. für ein dynamisches Wegweisungssystem im südwestlichen Straßenteilnetz der Stadt genutzt. Bei Störungen auf der stadtnahen Autobahn, Staus, Unfällen, Großevents etc. leitet dieses System (Anzeigewechsel durch Prismenbänder auf den Wegweisern) den Verkehr über Alternativrouten mit freien Kapazitäten und vermindert bzw. vermeidet damit Überlastungen im Straßennetz. Die verkehrsabhängige Steuerung erfolgt auf der Grundlage abgestimmter Steuerungsstrategien für ca. 220 verschiedene Einzelstörungssituationen, die wissensbasiert bewertet und miteinander kombiniert umgesetzt werden[119]. Durch diese Maßnahmen haben sich die Reisezeiten im Stadtverkehr von Dresden seit 2005 um 7 – 8 % reduziert. Die in der VAMOS-Zentrale verarbeiteten Verkehrsdaten dienen des Weiteren der koordinierten verkehrslageabhängigen Steuerung von Lichtsignalanlagen sowie der Bereitstellung der Daten in Form von TMC-Meldungen für Rundfunkstationen oder für Autoradio- und Navigationssysteme. Hier besteht die Herausforderung vor allem darin, die Informationen für die Verkehrsteilnehmer wesentlich stärker zu individualisieren, um tatsächliche Tür-zu-Tür Ankunftssysteme bieten zu können.

---

[119] Vgl. Forschungsförderung TUD/Technologiezentrum Dresden GmbH et al. (2010), S. 7

## Handlungsempfehlungen

- Zukünftig wird es darauf ankommen, im Rahmen von intelligenten Verkehrsleit- und -steuerungssystemen die Daten aller beteiligten Akteure, wie z.B. Autobahnamt, Verkehrsbetriebe, Straßentiefbauamt, Parkhäuser, Taxizentrale, Ministerium des Inneren und wissenschaftlicher Einrichtungen noch enger miteinander zu vernetzen, die Steuerungsstrategien intensiver aufeinander abzustimmen und mehr Software einzusetzen, die Steuerungsvorschläge wissensbasiert erarbeitet, um auch den intermodalen Verkehr wesentlich stärker zu unterstützen als dies heute der Fall ist. Das heißt, es wird eine umfassendere Betrachtung der einzelnen Steuerungsbestandteile als Gesamtsystem für den MIV und ÖPNV benötigt. Ein solches System muss z.B. in der Lage sein, an Lichtsignalanlagen durch funkgestützte Car-to-X-Kommunikation sowohl eine Priorisierung der öffentlichen Verkehrsmittel in Abhängigkeit von Fahrplanlage, Verkehrssituation und unter Berücksichtigung von Verkehrsanschlüssen als auch ein vorausschauendes energiesparendes Fahren der Kraftfahrzeuge des MIV zu ermöglichen. Nach einem entsprechenden Ausbau der städtischen Nord-Süd-Verbindung zwischen Nürnberger Platz und Albertplatz, sollte das System letztlich auch auf den östlichen / nordöstlichen Teil der Stadt erweitert werden. Dabei stehen generell zwei Fragen im Vordergrund:

  1. Welche intermodalen Schnittstellen sind wie zu gestalten?

  2. Was ist an neuer Infrastruktur auszubauen und wo kann auf Neuausbau verzichtet werden, weil stattdessen eine Ertüchtigung der Infrastruktur über verkehrstelematische Maßnahmen und Einrichtungen erreicht werden kann?

- EU-Fördermittel, die aus dem EFRE-Programm 2007 – 2013 nach Sachsen ausgereicht werden, sollten zum einen für den Ausbau des städtischen Verkehrssteuerungs- und -leitsystems zum Einsatz kommen. Zum anderen könnte von der Landeshauptstadt Dresden als Nukleus die Initiative zur Erarbeitung eines landesweiten Rahmenplans zur Steuerung Intelligenter Transportsysteme (ITS) ergriffen werden. In den vergangenen Jahren wurde eine Vielzahl leistungsfähiger Telematiksysteme für Teilbereiche des Verkehrs aufgebaut, die aber häufig nur Insellösungen darstellen. Ausgehend von einem ITS-Leitbild sollten ITS-Rahmen- und -Referenzarchitekturen von zukünftigen Modulen (z.B. Parkleitsysteme, Verkehrslageerfassung, LSA-Steuerungen, Dienste etc.) systematisiert, aufeinander abgestimmt beschrieben und deren Verbindung mit Einrichtungen der benachbarten Bundesländer bzw. des Bundes, wie z.B. Metadatenplattformen, aufgezeigt werden. Dabei sind formalisierte Schnittstellenbeschreibungen, interoperable Kommunikationslösungen, Einbindung in GALILEO oder die Bezüge zu anderen Anwendungsbereichen zu gewährleisten. Die entstehende Road Map sollte die Einführungsplanung einschließlich einer ITS-Forschungs- und -Bildungsförderung umfassen.

**(2) Schaffung neuer Allianzen zur Verbesserung der Nahraumer-reichbarkeit städtischer Infrastruktureinrichtungen und damit zur Stärkung der nicht-motorisierten Mobilität**

In städtischen Agglomerationen spielen Alternativen zur Benutzung des privaten PKW, wie zu Fuß gehen, Radfahren oder der Umstieg auf öffentliche Verkehrsmittel im Rahmen des Umweltverbundes eine wesentliche Rolle. Neuere Erhebungen zur „Mobilität in Deutschland" und zur „Mobilität in Städten" aus dem Jahr 2008 zeigen, dass erstmals die Autonutzung im Personenverkehr zurück-ging und die ÖPNV-Nutzung sowie der Radverkehr Anteile im Modal Split hinzugewonnen haben. Insbesondere jüngere Verkehrs-teilnehmer bewegen sich pragmatischer und zunehmend „multi-modal"[120]. Aber noch immer ist insbesondere bei kurzen Wegen, die deutlich effektiver zu Fuß oder mit dem Fahrrad zurückgelegt werden können, der Anteil der Kfz-Nutzung zu hoch.

Handlungsempfehlungen

- Um die Attraktivität der Fußgänger- und Fahrradmobilität in Städten zu erhöhen, ist ein größeres Augenmerk auf den Ausbau einer angemessenen Infrastruktur zu richten. Gleichzeitig sind Standortentscheidungen im Kontext mit ihren verkehrlichen Wirkungen so zu treffen, dass „eine Stadt der kurzen Wege" entsteht. Dabei hat der Ausbau innerstädtischer Gebiete Vorrang vor der Entwicklung suburbaner Randlagen. Die Stadt Dresden verfügt beispielsweise über ein Radwegenetz mit einer Gesamtlänge von 366 km, aber weit weniger als die Hälfte ihres Hauptstraßen-netzes ist mit beidseitigen Radverkehrsanlagen ausgestattet. Die Durchgängigkeit von Radwegeinfrastruktur und deren Anbindung an Knotenpunkte öffentlicher Verkehrsträger zur Realisierung intermodaler Wegeketten ist gleichfalls ausbaufähig. Hierbei wird die Bedeutung einer kontinuierlichen integrierten Verkehrsentwicklungsplanung wie sie als strategisches Instrument für den Zeitraum bis 2025 in Dresden im Entstehen begriffen ist, besonders augenfällig (vgl. dazu S. 55). Sie bildet den Rahmen für Radverkehrs-, ÖPNV- und Nahverkehrskonzepte, Luftreinhalte- und Lärmminderungsplanung sowie für die Schwerpunkte des Verkehrs- und Mobilitätsmanagements im genannten Planungszeitraum.

- Um insbesondere die umweltfreundliche Fahrrad- und ÖPNV-Nutzung in der Stadt wirkungsvoll zu verknüpfen, werden in AHRENS/AURICH/BÖHMER et al. (2010b) folgende Maßnahmen und Kooperationsansätze zwischen beiden Mobilitätsarten dargestellt und hinsichtlich ihres Potenzials für die Gestaltung nachhaltiger Mobilität in städtischen Regionen untersucht: Bike and Ride-Anlagen, Fahrradstationen, Fahrradmitnahme im ÖPNV, öffentliches Fahrradverleihsystem und ÖPNV, Integration des Fahrrades in Nahverkehrspläne sowie gemeinsame Marketing-Maßnahmen und Vermarktung. So konnte in Dresden beispielsweise

---

[120] Vgl. Ahrens/Aurich/Böhmer et al. (2010a) sowie Abschnitt 3.2, S. 17

eine erfolgreiche Substitution von MIV durch Radverkehr und ÖPNV auf den Arbeitswegen von und zu den Betriebsstätten von Infineon/Qimonda im Norden der Stadt erreicht werden. Über einen Zeitraum von 10 Jahren gelang es durch diverse Maßnahmen zur Erleichterung der Fahrrad- und ÖPNV-Erreichbarkeit sowie das Wirken einer betriebsinternen Mobilitäts-AG, den MIV-Anteil (Selbstfahrer) um 13 % zu senken. Gewonnen hat der Umweltverbund mit Zunahme des Anteils der mit dem ÖPNV zurückgelegten Wege um + 6 %, des Radverkehrs um + 3 %, der Wege zu Fuß um + 3 % sowie des Mitfahreranteils um + 2 %[121].

- Zur Vermeidung der Einrichtung von Umweltzonen sind die o. g. Maßnahmen verstärkt zu propagieren, aber auch solche Ansätze, wie die spürbare Ausweitung des Angebots von Jobtickets in Zusammenarbeit von lokal ansässigen Unternehmen und Verkehrsbetrieben sowie deren Verbünden intensiver zu verfolgen.

### (3) Sicherung des Finanzierungsbedarfs für kommunale Verkehrsinfrastrukturen und Betriebsleistungen im öffentlichen Verkehr als Gemeinschaftsaufgabe von Bund, Ländern und Gemeinden (vgl. Kapitel 5.2)

Als eines der wesentlichsten Schlüsselthemen für die kommenden Jahre und Jahrzehnte wurde europaweit die Finanzierung von Stadtverkehr und damit die vehement steigende monetäre Belastung der Kommunen gesehen. Dabei geht es nicht nur um die Sicherung der Finanzierung neuer Infrastrukturmaßnahmen, sondern auch um die Aufrechterhaltung vorhandener Verkehrsinfrastruktur. Wie bereits in Abschnitt 3.1 (S. 15) beschrieben, kommt hier der Druck auf die Verkehrsbudgets vor allem aus zwei Richtungen: einerseits erfolgen sukzessive Budgetkürzungen durch die Regierungen sowie geringere nationale Bezuschussungen und andererseits wächst der Umfang anderweitiger Finanzierungsaufgaben der Kommunen insbesondere für Sozialleistungen. Hier sieht sich die öffentliche Hand immer stärker in der problematischen Rolle, Betroffener und Problemlöser zugleich zu sein.

### Handlungsempfehlungen

In der Diskussion wurden von den beteiligten Experten aus Politik, Wirtschaft und Wissenschaft gemeinsam mit der Oberbürgermeisterin Dresdens folgende Handlungsoptionen herausgearbeitet:

- Der politische Druck auf die verantwortlichen Entscheidungsträger auf Länder-, Bundes- und EU-Ebene ist ständig aufrechtzuerhalten, um entweder bei Auslaufen von bestimmten Förderprogrammen einen adäquaten Ersatz anzubieten oder die Zuständigkeiten für die Wahrnehmung bestimmter Aufgaben im Bereich der Verkehrsinfrastrukturfinanzierung, insbesondere für Neuinvestitionen in ortsfeste Verkehrsanlagen, neu zu regeln. Dies erhält besondere Dringlichkeit vor dem Hintergrund, dass sämtliche Förderprogramme zur regionalen Verkehrsinfrastruk-

---

[121] Vgl. Ahrens/Aurich/Böhmer et al. (2010a), S. 38

turfinanzierung auf einer entsprechenden Kofinanzierung basieren. Sparmaßnahmen des Freistaates Sachsen führen dann zu dem Ergebnis, dass Bundes- oder EU-Mittel nicht akquiriert und an die Kommunen weitergegeben werden können. Die Möglichkeiten einer Stadt wie Dresden in bestimmtem Umfang Eigenmittel für Zwecke der Kofinanzierung bereitzustellen, sind stark begrenzt und können keine Dauerlösung darstellen. Der im Rahmen der Föderalismusreform den Ländern zugewiesene eine Prozentpunkt höhere Mehrwertsteuerbeteiligung als Kompensation für die künftig wegfallenden GVFG-Mittel ist durch die Länder dann auch tatsächlich an die entsprechenden kommunalen Aufgabenträger weiterzuleiten. Insgesamt ist der zunehmenden Disharmonie zwischen Aufgabenübertragung und Finanzierungsverantwortung im Verhältnis Bund, Länder, Kommunen Einhalt zu gebieten. Nur wenn die expandierenden Haushaltsausgaben der Kommunen wie beispielsweise für die Sozialsysteme durch eine nachhaltige Reform begrenzt und neu geordnet werden, stehen auch wieder größere Budgets für solche Aufgaben wie Verkehrsinfrastrukturausbau und -erhaltung zur Verfügung.

- Zur Behebung der wachsenden finanziellen Engpässe im Bereich der Gemeindeverkehrsfinanzierung sind dringend Veränderungen im Bereich der Bilanzierung der Verkehrsunternehmen notwendig. Investitionen in Fahrwege, Bahnhöfe der U-Bahnen, Stadt- und Straßenbahnen etc., die aus zugewiesenen GVFG-Mitteln finanziert wurden, werden bisher bei den investierenden Unternehmen nicht aktiviert. Damit werden sie auch nicht abgeschrieben und stehen demzufolge auch nicht als Mittel für Ersatzinvestitionen aus „zurückverdienten Abschreibungsgegenwerten" in den folgenden Wirtschaftsperioden zur Verfügung. Dies verbessert zwar kurzfristig gesehen die Kostendeckungsgrade der Verkehrsunternehmen, führt aber langfristig zu einem enormen Rückstau bei turnusmäßigen Reinvestitionen. Dieser beläuft sich nach Untersuchungen des Verbandes Deutscher Verkehrsunternehmen und des Verbandes der Bahnindustrie in Deutschland bis heute bereits auf eine Summe von 2,35 Mrd. €, die dringend abgebaut werden muss[122]. Für die Jahre ab 2010 wird darüber hinaus von einem finanziellen Bedarf für die laufenden Erneuerungsinvestitionen von jährlich 550 Mio. € ausgegangen, wovon 220 Mio. € pro Jahr von den Aufgabenträgern und Infrastrukturunternehmen zu erbringen sind und 330 Mio. € pro Jahr eine weiterhin bestehende Finanzierungslücke darstellen[123].

- Die monetäre Basis zur Verkehrsinfrastrukturfinanzierung sowie zur Absicherung der Betriebsleistungen im öffentlichen Verkehr sollte durch verschiedene mehr oder weniger flankierende Maßnahmen erweitert und gestärkt werden. Hier ist insbesondere die direkte und indirekte Nutzerfinanzierung zur erhöhten Marktausschöpfung und Erzielung zusätzlicher Einnahmen zu nennen. Dazu zählen u.a.[124]

---

[122] VDV/VDB (2010), S.4

[123] Vgl. VDV/VDB (2010), S.4

[124] Vgl. KOSSAK (2010), S. 10

–   forcierte Marktpenetration von eTicketing und elektroni-
    schem Fahrgeldmanagement zum Abbau von Zugangs-
    hemmnissen zum öffentlichen Verkehr sowie zur Erhöhung
    der Tarifergiebigkeit infolge verstärkter Flexibilität elektroni-
    scher Tarife,

–   Erschließen neuer Märkte mit einer CityCard im Sinne von
    „one card for all" für die Nutzung im ÖPNV, für Parken, Road
    Pricing, City Life Aktivitäten, Bezahlung im Handel, in öffent-
    lichen Einrichtungen etc.,

–   Erheben von Straßenbenutzungsgebühren zur Internalisie-
    rung externer Stau-, Lärm-, Abgas- und Unfallkosten in In-
    nenstädten und Verkehrsverlagerung vom MIV auf umwelt-
    freundlichere Busse und Bahnen („Verkehr finanziert Ver-
    kehr"),

–   Erweiterung von verkehrsträgerübergreifenden Mobilitäts-
    angeboten (z.B. Park&Ride, Car-Sharing oder Schaffung gu-
    ter Bedingungen zur Fahrradmitnahme in öffentlichen Ver-
    kehrsmitteln),

–   elektronisch gestützte Parkraumbewirtschaftungs- und Park-
    platzreservierungssysteme,

–   Erhebung von Finanzierungsbeiträgen durch „Nutznießer-
    zahlt-Prinzip", d.h. Einbeziehung der indirekten Nutzer des
    öffentlichen Verkehrs wie z. B. Grundstückseigentümer
    (Wertentwicklung von Bauland und Grundstücken entlang
    von ÖPNV-Linien bei der Höhe der Grundsteuer berücksich-
    tigen).

Erst im Zusammenspiel aller genannten Maßnahmen und Handlungsempfehlungen wird es letztlich gelingen, in regionalen Ballungsräumen eine solche Mobilität für alle zu ermöglichen und
langfristig aufrechtzuerhalten, die umweltbewusst und stadtverträg-
lich, aber zugleich auch sozial ausgewogen und wirtschaftlich ist.

## 5.2. Öffentlicher Personennahverkehr (Prof. Dr.-Ing. Gerd-Axel Ahrens)

### 5.2.1. Herausforderungen für den ÖPNV-Markt

Zusammenfassen lassen sich die zentralen Herausforderungen für den nationalen ÖPNV-Markt stichwortartig nach MÖLLER (2010) und AHRENS (2010a) durch folgende bereits an anderer Stelle mehrfach genannte Megatrends und Auswirkungen politischer und sonstiger Rahmenbedingungen:

#### Demographischer Wandel

Abgesehen von einigen Ballungszentren großräumige Bevölkerungsabnahme insbesondere in der Fläche, Verschiebung der Nutzergruppen (mehr – vor allem motorisierte - Senioren, weniger Schüler und Jugendliche sowie Personen im erwerbsfähigen Alter), höhere Pro-Kopf Ausgaben für Verkehrs-Infrastruktur und -Betrieb.

#### Siedlungsstruktur

Entleerung ländlicher Räume, Reurbanisierung mit weiterer Verstädterung und Zunahme der Gesamtbevölkerung in wirtschaftlich erfolgreichen Ballungsräumen, Ressourcenverknappung und Klimawandel, Energieverteuerung, Grenzwerte für Energieverbrauch und $CO_2$-Ausstoß, überproportionale Verteuerung des MIV, Anreizsysteme für energie- und emissionsarme Beförderung, Förderung umweltschonender Verkehre.

#### Umweltbewusstsein und Wertewandel

Kosten des Autobesitzes, Umweltbewusstsein und ein Wertewandel lassen Autonutzung statt Besitz und Nutzung multimodaler Mobilitätsdienstleistungen insbesondere bei jüngeren Menschen immer wichtiger werden. Lebensstile werden urbaner und Verkehrsverhalten wird multimodaler mit großen Nachfragesteigerungen beim ÖPNV in Verdichtungsräumen. Zunehmend werden individualisierte Mobilitätsdienstleistungen nachgefragt.

#### Liberalisierung, Globalisierung

Asymmetrische Marköffnungen mit unterschiedlichem Liberalisierungsgrad, Ausschreibungswettbewerb nach VO (EG) 1370/2007 (auch des Bestandsgeschäftes) mit Möglichkeiten der Direktvergabe, internationale große Verkehrsunternehmen besetzen den europäischen Markt. Der nationale Markt befindet sich zunehmend im Umbruch, der Wettbewerb wird stärker.

#### (Öffentliche) Finanzierung des ÖPNV

Der Anteil der öffentlichen Finanzierung beim ÖPNV dürfte seinen Höhepunkt überschritten haben. Künftig werden transparentere Bündelung der öffentlichen Finanzierung beim Aufgabenträger, verstärkte Nutzerfinanzierung incl. Abschöpfung indirekter Nutzen beim MIV und bei den vom ÖPNV erschlossener Nutzungen, zielorientierte Evaluation der Effektivität und Effizienz der öffentlichen Mittel nötig sein[125].

## 5.2.2. Ausgewählte Strategien, Einschätzungen sowie Handlungsoptionen und -erfordernisse

Zumindest in Städten und Verdichtungsräumen konnte der ÖPNV sich trotz ungünstiger demographischer Randbedingungen in den letzten Jahren überaus erfolgreich entwickeln und immer mehr Fahrgäste gewinnen. Diese Erfolge werden zurzeit vor allem durch unsicher gewordene Finanzierungsgrundlagen und Kürzungsabsichten aus Sicht der Branche gefährdet. Um die Erfolge fortzusetzen, braucht es verlässliche neue politische Rahmenbedingungen. Vor allem sind klare Ziele zu definieren, und neue Formen von Organisation und Finanzierung sind zu finden. Um die o. g. Kundenwünsche besser und ganzheitlicher zu bedienen, müssen multi- und intermodale Angebote für den gesamten Weg von der Haustür zum Zielort und auch die Mobilität am Zielort mit mehr Kooperation und Zusammenarbeit der unterschiedlichen Mobilitätsdienstleister bereit gestellt werden. BORMANN et al. (2010) haben für eine Reform des ÖPNV mit pragmatischer Sach- und Fachkompetenz die acht folgenden Kernforderungen aufgestellt:[126]

**(1) Für ein abgestimmtes Angebot, Konsistenz und Effizienz – Ein Masterplan ÖPNV für Deutschland**

Ein erfolgreicher Öffentlicher Personennahverkehr braucht verbindliche Ziele, an denen sich die Aufgabenträger und Unternehmen ausrichten, zu deren Erfüllung Maßnahmen gezielt konzipiert und umgesetzt und die zur Messung des Erfolges herangezogen werden können. Notwendig ist zugleich ein klarer Rahmen, der Fragen des ÖPNV konsistent mit anderen Themenfeldern der Verkehrspolitik wie dem Fernverkehr, der Infrastruktur Straße, aber auch anderen Politikfeldern wie der Umweltpolitik (Klimaschutz, Luftreinhaltung, Lärm) sowie der Stadtentwicklung und Raumordnung abstimmt.

Notwendig ist die Einführung eines Masterplanes ÖPNV, der diese Aufgaben übernimmt. Ein Masterplan ÖPNV muss:

- die Aufgaben, Rolle und Finanzierung des ÖPNV definieren;

- gemeinsam vom Bund, Ländern und kommunalen Aufgabenträgern entwickelt werden (Gegenstromprinzip);

- die staatliche Gewährleistung des ÖPNV absichern und den Aufgabenträgern Spielräume eröffnen;

- die Aufgaben des ÖPNV als Teil einer integrierten Verkehrspolitik des Bundes und der Länder definieren – dabei ist auch eine Abstimmung mit der Infrastruktur-, Ordnungs- und Förderpolitik notwendig, bei gleichzeitigem Erhalt der Ausgestaltungsspielräume auf der kommunalen Ebene;

---

[125] Vgl. auch BORMANN et al. (2010)

[126] Vgl. ebenda, S. 32 – 35

- die ÖPNV-Planung mit anderen Planungen und politischen Zielen des Bundes im Bereich Raumordnung und Umweltpolitik abstimmen;

- ein verbund- und aufgabenträgerübergreifend vernetztes Angebot im Schienenpersonennahverkehr im Sinne des Konzeptes „Deutschlandtakt" sichern.

## (2) Planungssicherheit für den ÖPNV - Klare und langfristig angelegte Organisations- und Finanzierungsstrukturen schaffen

Ein effizienter und effektiver Öffentlicher Personennahverkehr braucht klare Organisations- und Finanzierungsstrukturen mit einer eindeutigen Aufgabenverteilung zwischen den handelnden Akteuren. Die Regionalisierung im Schienenpersonennahverkehr mit den daraus resultierenden Organisationsmodellen und Aufgabenverteilungen zeigt, dass hieraus erhebliche Effizienzgewinne resultieren. Doppelstrukturen werden abgebaut, jeder Akteur kann sich auf seine Aufgaben konzentrieren und spezifische Kenntnisse und Stärken entwickeln. Auch im allgemeinen ÖPNV ist eine stärkere Trennung der Aufgaben der Aufgabenträger von denen der Unternehmen vorzunehmen. Gegenüber der heutigen Rechtslage sind die Aufgabenträger zu stärken. Damit der Aufgabenträger das System – das aus vielen Bausteinen besteht, von denen jeder eine tragende Säule des Gesamtsystems darstellt – gestalten kann, muss er Zugriff auf alle Verkehrsleistungen haben, unabhängig vom wirtschaftlichen Erfolg einzelner Linien. Für einen wie auch immer gearteten Vorrang einzelner Verkehre zu Lasten des Gesamtsystems ÖPNV ist daher kein Platz mehr.

Das ist mit langfristig verlässlichen Finanzierungsstrukturen zu verbinden, die ausreichend Finanzmittel für Infrastruktur und Betrieb in der Stadt und auf dem Land bereitstellen, lokal angepasste Lösungen ermöglichen und ein Höchstmaß an Transparenz bei minimalen Verwaltungskosten gewährleisten.

Klare und langfristig ausgerichtete Strukturen erfordern:

- die Zusammenführung von Aufgaben- und Ausgabenverantwortung beim Aufgabenträger;

- den Aufbau entsprechender Kompetenzen bei den Aufgabenträgern;

- pauschale zweckgebundene Finanzmittelzuweisungen in angemessener und langfristig verlässlicher Höhe mit klaren Zielkriterien für lokal angepasste Lösungen, wobei die Frage, ob die Mittel investiv oder konsumtiv verwendet werden, in der dezentralen Verantwortung der jeweiligen Aufgabenträger verbleibt;

- die Evaluierung der Zielerreichung und die Berücksichtigung der Ergebnisse der Evaluation bei der Höhe der Zuweisungen;

- eine Stärkung der Unternehmen bei der Ausgestaltung des ÖPNV-Angebotes und der betrieblichen Planung im Rahmen der übergeordneten Zuständigkeiten der Aufgabenträger für ein leistungsfähiges und finanzierbares ÖPNV-Angebot;

- wirtschaftliche Anreize zur kundenorientierten Ausgestaltung des Angebotes;

- die Verringerung der Organisationskosten, bspw. durch den Abbau von Doppelstrukturen;

- die Beibehaltung der Mehrwertsteuerbefreiung fahrplanmäßiger Bestellungen von SPNV-Leistungen und die Sicherung des steuerlichen kommunalen Querverbundes;

- die stärkere Dynamisierung (mindestens 2,5 Prozent) der Regionalisierungsmittel;

- mit der Schaffung einer Nachfolgeregelung für die Mittel nach GVFG bzw. EntflechtG eine Überführung der Mittel in ein erweitertes Regionalisierungsgesetz.

**(3) Die notwendige Verkehrsinfrastruktur langfristig erhalten – Übergangslösung für Erhaltungsinvestitionen**

Aufgrund der aufgestauten Erneuerungsinvestitionen (gegenwärtiger Bedarf 2,4 Milliarden Euro) und der finanziellen Lage in Kommunen und Verkehrsunternehmen ist eine „Förderlösung" für Instandhaltungsinvestitionen (330 Millionen Euro jährlich) als Ergänzung zur bestehenden Förderung des Neu- und Ausbaus erforderlich.

Dieses Programm sollte:

- als Übergangslösung für einen vorab definierten Zeitraum konzipiert sein;

- einen Zuschusssatz von 50 bis 70 % gewähren;

- nur ÖPNV-Anlagen fördern, für die ein Nachweis der langfristigen Notwendigkeit erbracht wird;

- Zuschüsse an Konzepte von Kommungen und Unternehmen für den langfristigen Erhalt aus Eigenmitteln koppeln;

- Ggf. auch notwendige Rückbaumaßnahmen fördern, sodass langfristig wirtschaftlich tragfähige ÖPNV-Anlagen entstehen;

- unternehmerische Initiativen fördern, sofern sie den Nutzen und die Wirtschaftlichkeit des gesamten ÖPNV-Systems verbessern.

**(4) ÖPNV-Ausbau in Agglomerationsräumen fortführen – Regionale Zusammenarbeit als Grundlage für eine Förderung**

Lösungen für die Mobilität der Zukunft dürfen sich nicht länger an Verwaltungsgrenzen orientieren. Die richtige Entscheidungsebene ist die Verkehrsregion, ein Zusammenschluss aller Aufgabenträger in einem verkehrlichen Verflechtungsbereich. Daher sind:

- die Verkehrsregionen als Planungsebene der ÖPNV-Förderung des Neu- und Ausbaus der Infrastruktur zu etablieren;

- die regionale Kooperation und eine mit allen Partnern abgestimmte Siedlungs- und Verkehrskonzeption als Fördervoraussetzung festzuschreiben.

Nur so entsteht ein regional besser abgestimmtes Angebot, mehr planerische Effizienz und damit ein langfristig wirtschaftlicherer ÖPNV.

**(5) Der ÖPNV als Teil des Mobilitätsverbundes – Förderung von multimodalen Verkehrslösungen**

Der Öffentliche Personennahverkehr der Zukunft ist Teil eines Mobilitätsverbundes. Der Verbund von ÖPNV, Fuß- und Radverkehr, CarSharing, Leihfahrrädern, Gepäckservice, etc. ermöglicht den Menschen, situationsbezogen verschiedene Verkehrsmittel auf einfache Art und Weise zu nutzen, ohne sie zu besitzen. Er führt die Stärken der einzelnen Verkehrsarten zu einem nahtlosen Mobilitätsangebot zusammen.

Dies bedeutet:

- die Verknüpfung des ÖPNV mit motorisierten sowie nichtmotorisierten Verkehrsarten und anderen Nutzungsformen zu fördern;
- Forschung und Modellprojekte zu unterstützen;
- Langfristig Anreize für reguläre umwelt- und stadtverträgliche Verbundangebote zu setzen.

**(6) Innovationen im ÖPNV – Bundesförderung für Forschung und Innovation**

Ein Erfolgsgarant im Öffentlichen Personennahverkehr waren kundenorientierte technische und betriebliche Innovationen. Besonders hervor zu heben sind die Niederflurtechnik, sowie die derzeit sich noch in der Entwicklung befindlichen e-Ticket-Systeme[127]. Empfänger dieser Forschungsmittel sind neben den Ländern und den Kommunen vor allem die Verkehrsunternehmen, aber auch die Industrie und Forschungsinstitutionen.

Voraussetzungen für ein hohes Innovationstempo für bessere effizientere Angebote sind:

- die Entwicklung von Standards für technische Systeme, Zugangssysteme und Fahrzeugtechnik mindestens bundesweit, besser EU-weit;
- die Fortsetzung der Forschungsförderung durch den Bund – mindestens im Umfang der vergangenen Jahre;
- die Förderung landesspezifischer Fragestellungen und Adaptionen durch die Bundesländer.

Nur so kann Deutschland im ÖPNV eine erfolgreiche Exportnation bleiben und nur so können die Arbeitsplätze dieser Firmen in Deutschland dauerhaft gesichert werden.

**(7) Gestalterische Integration des ÖPNV in der Stadt – Ziele statt Lösungen vorgeben**

Der Öffentliche Personennahverkehr mit seinen Infrastrukturen und Fahrzeugen prägt die Gestalt unserer Städte und Gemeinden. Die bisherigen technischen und baulichen Lösungen des öffentlichen Verkehrs berücksichtigen jedoch nur selten den gestalterischen Aspekt von ÖPNV-Anlagen. Begründet lag dies auch in den Förder-

---

[127] Gemeint ist die Umstellung des Fahrscheinvertriebes auf elektronische Medien, wie z. B. eine Chipkarte. Ein wesentlicher Fortschritt ergibt sich derzeit durch die Einführung von e-Tickets auf Basis der VDV-Kernapplikation (Kompatibilitätsstandards für Datenaustausch, Formate, etc.)

richtlinien, die eindimensionale, verkehrsgerechte Lösungen fördern und technische Lösungen statt Ziele vorschreiben.

Zukünftige Programme sollten daher:

- Ziele, aber keine technischen Lösungen vorgeben;
- innovative Möglichkeiten zur Integration des ÖPNV in den Stadtraum fördern;
- die ÖPNV-Förderung noch stärker auch mit anderen Förderinstrumenten verknüpfen, beispielsweise der Städtebauförderung;
- die Eigenverantwortung der Antragsteller betonen, in dem die Förderhöhe von bislang bis zu 90 % in Richtung 50 %, wie im Agglomerationsprogramm der Schweiz, vermindert wird;
- den ÖPNV als Teil der Stadt begreifen und kommunizieren sowie seinen positiven Beitrag zur Stadtqualität herausstellen.

## (8) ÖPNV-Finanzierung auf breite Beine stellen – Neue Finanzierungsinstrumente prüfen (vgl. auch Kapitel 5.1.2, S. 58)

Der Öffentliche Personennahverkehr darf seinen Blick nicht nur auf die Finanzierungsbeiträge der öffentlichen Hand richten, sondern muss in Zukunft auch seine Nutzer und Nutznießer stärker an der Finanzierung seiner Angebote beteiligen.

Hierbei gilt:

- Tariferhöhungen, z. B. durch steigende Energiekosten, müssen maßvoll ausfallen, da die Nutzer bereits heute im internationalen Vergleich einen hohen Anteil an den Kosten tragen und der ÖPNV zudem soziale Funktionen zu erfüllen hat.
- Vergünstigungen für spezielle Gruppen, bspw. Schüler oder Schwerbehinderte, sind separat zu vergüten.
- Personen, die indirekt von der Aufrechterhaltung sowie dem Ausbau des ÖPNV profitieren - wie bspw. Anrainer und Immobilienbesitzer -, sind zu dessen Finanzierung mit heranzuziehen.

Darüber hinaus ist zu prüfen, ob generell die Profiteure eines funktionierenden Verkehrssystems an der Finanzierung des ÖPNV als Garant einer umfassenden Mobilität beteiligt werden sollen, bspw. mit einer Pkw-Maut einschließlich der Verwendung der Erträge für den ÖPNV".

Empfehlungen zur verstärkten Nutzerfinanzierung formulierte auch der WISSENSCHAFTLICHE BEIRAT BEIM BUNDESMINISTER FÜR VERKEHR, BAU UND STADTENTWICKLUNG (2008) mit seinem Gutachten „Die Zukunft des ÖPNV – Reformbedarf bei Finanzierung und Leistungserstellung". Mit der „Nutzerfinanzierung" verbindet er nicht nur die Einnahmen vom Fahrgast, sondern auch die Beiträge indirekter Nutzer und für die Entlastungen des Straßenverkehrs, die nach Kossak (2010) bereits in Kapitel 5.1.2 als „Nutznießer-Zahlt-Prinzip" eingeführt wurden.

Mit seinen Thesen „Die Zukunft gehört dem ÖPNV!" unterstrich MÖLLER (2010) auf dem 9. Friedrich-List-Symposium auch die Erfordernisse eines „richtigen" Rechts-, Ordnungs- und Finanzrahmens, bei denen die Bedürfnisse des Kunden auf Wegen von „Tür-zu-Tür" im Mittelpunkt stehen und die nicht der Selbstverwirklichung von Unternehmen und Aufgabenträgern dienen. Ausgehend von den Entwicklungen und Proporzen auf dem europäischen ÖPNV-Markt mit einem Marktvolumen von 23,6 Mrd. Euro allein in Deutschland und den in Kapitel 2.1 genannten Herausforderungen und Trends empfiehlt er den Verkehrsunternehmen, sich zum multimodalen Verkehrsdienstleister weiter zu entwickeln. Die DBAG zeigt das mit ihren Angeboten DB CarSharing/Flinkster, Call a Bike, Park&Rail/Park&Ride, Touch and Travel und dem Mobilitätsportal incl. RIS-Daten.

Seine Position, dass Zugangshemmnisse zu reduzieren und Mobilität künftig verstärkt auch intermodal allen Menschen von „Tür-zu-Tür" anzubieten sei, unterstrich AHRENS (2010/a) mit seiner Definition des breit aufgestellten Mobilitätsverbundes. Er belegte mit den jüngsten Ergebnissen der Erhebung „Mobilität in Städten", dass sich der ÖPNV momentan in den Städten zunehmender Beliebtheit erfreut.[128]

Auch Städtetag und VDV unterstreichen die Notwendigkeit, dass alle Sparten des Verkehrs integriert geplant und finanziert werden müssen[129]. Für Unternehmen und Aufgabenträger als die tragenden Säulen des ÖPNV ist eine gemeinsame Geschäftsgrundlage zu schaffen. Hier kommt einer notwendigen rechtlichen Anpassung des PBefG mit erweiterter Definition eines modernen multimodalen ÖPNV zentrale Bedeutung zu.

Städtetagsvizepräsident und Oberbürgermeister der Landeshauptstadt München Christian Ude appelliert in diesem Kontext, die tragenden Säulen des ÖPNV nicht mutwillig einzureißen und er zog folgende Schlussfolgerungen:[130]

- Aufgabenträger müssen einen verbindlichen Rahmen vorgeben können, damit die Bürger, denen sie dafür verantwortlich sind, ein abgestimmtes Angebot vorfinden.

- Es darf kein „Rosinenpicken", also ein Herausbrechen wirtschaftlich attraktiver Linien aus der Finanzierung zusammenhängender Netze geben.

- Auch Aufgabenträger fahren gut, wenn die konkrete Gestaltung des Verkehrs eine Sache der Unternehmen bleibt, denn die haben das Know-how und vor allen den täglichen Kundenkontakt.

- Private und öffentliche Unternehmen haben dabei jeweils ihre besonderen Stärken; wir fahren am besten, wenn wir beide akzeptieren und fördern.

---

[128] vgl. hierzu auch Abschnitt 3.2, S. 17

[129] vgl. RINGAT (2010/b), S. 3

[130] vgl. ebenda

Die mit den o. g. acht Thesen und Forderungen verbundenen Verbesserungen verlangen von allen Beteiligten **neues Denken, Strategien und Maßnahmen**, die der zitierte Arbeitskreis wie folgt zusammenfasste:[131]

- Die Politik muss verlässlich zusichern, öffentliche Mittel in einem definierten Umfang dauerhaft zur Verfügung zu stellen. Ergänzend dazu muss sie Ziele für den ÖPNV definieren - Ziele, die mit den finanziellen Ansätzen übereinstimmen. Ein Masterplan ÖPNV, der solche Ziele, Rahmenvorgaben und Standards benennt, muss erstellt werden. Beginnend auf der Landes- und anschließend länderübergreifend auf der Bundesebene muss eine öffentliche Debatte um diesen Masterplan geplant, initiiert und geführt werden – die Initiative könnte von der Bundesebene oder aber von der Länderseite über die Verkehrsministerkonferenz ausgehen. Hierbei sind auch die rechtlichen und förderrechtlichen Rahmenbedingungen zu diskutieren. Die Ziel- und Mitteldiskussion zu diesem Masterplan muss – aufgrund des Auslaufens der bisherigen Förderung – bis zum Jahr 2012 abgeschlossen werden.

- Die Verwaltung der Aufgabenträger muss als Steuermann im System die politisch beschlossenen Ziele konsequent umsetzen. Die Aufgabenträger müssen in einem Masterplan ÖPNV die Aufgabe der Koordination zwischen Öffentlichkeit, Politik, den verschiedenen Unternehmen und weiterer Beteiligten erhalten. Dabei muss interkommunal und regional zusammengearbeitet werden. Die Unternehmen müssen darin gestärkt werden, den Verkehr noch besser und innovativer – im Rahmen der vorgegebenen Ziele und Aufgaben – auszugestalten und zu betreiben.

- Die Unternehmen müssen – durch Vertragsgestaltung und gesetzliche Anreize – zu noch stärkerer Berücksichtigung der Kundenbedürfnisse bewegt werden. Dies muss in Zusammenarbeit mit den Verwaltungen so erfolgen, dass öffentliche Mittel transparent und nachvollziehbar für die Interessen der Kunden sowie die Effizienz und Qualität des Verkehrs verwendet werden. Die Unternehmen müssen den Steuerungsanspruch der Aufgabenträger, die letztlich den Staat und die Bürger repräsentieren, akzeptieren.

Dass diese grundsätzliche Aufgabenteilung erfolgreich ist, zeigt sich am Beispiel der Regionalisierung des Schienenpersonennahverkehrs. Diese Organisations- und Finanzreform kann trotz noch verbleibender Mängel als sehr gelungen bezeichnet werden. Ein vergleichbarer, verlässlicher und transparenter Finanz-, Rechts- und Ordnungsrahmen, der diese Regelungen auch für den sonstigen ÖPNV mit Bussen und Straßenbahn im Wesentlichen übernimmt, ist von Seiten des Bundes und der Länder überfällig.

---

[131] vgl. BORMANN et al. (2010), S. 37, 38

Hieraus ergeben sich für die Akteure folgende **Handlungsaufträge**:

- <u>Der Bund</u> muss die finanziellen Voraussetzungen zur Gewährleistung eines bedarfsgerechten Angebots des ÖPNV langfristig sichern. Dies bedeutet eine Überprüfung der Ergebnisse der Förderalismusreform mit dem Ziel, dass der Bund eine rechtzeitige Anschlussfinanzierung für das im Rahmen der Förderalismusreform II beschlossene Auslaufen der Finanzierungsinstrumente sichern muss. Die Finanzierung von Erhaltungsinvestitionen ist in diese Anschlussfinanzierung zu integrieren. Darüber hinaus sind die so genannten Regionalisierungsmittel den Ländern dauerhaft und dynamisiert zur Verfügung zu stellen.

  Die zukünftige Mittelvergabe müssen Bund und Länder in Absprache gesetzlich regeln; die Förderung ist an Standards und Rahmenvorgaben aus dem Masterplan ÖPNV zu knüpfen. Es sind Anreizelemente, die den Erfolg bei den Kunden und in der Qualitätsverbesserung belohnen, in die Förderung zu integrieren. Das PBefG muss so novelliert werden, dass der Rechtsrahmen aus der VO EG 1370/2007 für die ÖPNV-Aufgabenträger ohne Einschränkung erhalten bleibt. Ein gesetzlicher Vorrang kommerzieller Verkehre zu Lasten einer Steuerbarkeit und Wirtschaftlichkeit des Gesamtsystems ist nicht zu akzeptieren. Es muss dem Aufgabenträger als „Steuermann" möglich sein, auch das ganze „Schiff" zu steuern.

- <u>Die Länder</u> müssen, wenn die entsprechenden Bundesmittel (s. o.) zur Verfügung stehen, für eine dauerhafte Finanzierung des ÖPNV einschließlich der Förderung umweltfreundlicher Komponenten sorgen. Der bisherige „Dualismus" zwischen ÖPNV-Aufgabenträger und staatlichen Mittelbehörden bei der Erteilung von Linienverkehrsgenehmigungen nach dem Personenbeförderungsgesetz ist aufzugeben. Das PBefG ist im Rahmen der anstehenden Novelle entsprechend anzupassen. Die Verbindlichkeit eines integrierten Landesnahverkehrsplanes für alle Verkehre, also auch für den Motorisierten Individualverkehr, muss auf Landesebene vorgeschrieben und gewährleistet werden. Überdies stehen die Bundesländer in der Verantwortung, ihrerseits die ÖPNV-Finanzierung durch Schaffung gesetzlicher Grundlagen (Landes-GVFG-Gesetze) dauerhaft sicherzustellen. So haben einige Bundesländer bereits über ein Landes-GVFG die Zweckbindung der Entflechtungsmittel für den Verkehr nach 2013 sichergestellt. Auch auf dieser Ebene sind Anreizelemente für die Mittelempfänger in die Regelung zu integrieren.

- <u>Die Kommunen</u> als Landkreise oder Städte sind Aufgabenträger und müssen in regionaler Kooperation den ÖPNV örtlich und regional so ausbauen, dass er den Zielen der Kundenorientierung und Umweltverbesserung entspricht. Die Angebotspolitik im ÖPNV ist durch ein konsequentes Nachfragemanagement beim MIV, mit Konzepten für Parkraummanagement beispielsweise, zu ergänzen. Zudem ist die Siedlungs- und Raumentwicklung vor allem in Ballungsräumen konsequenter als heute auf den ÖPNV auszurichten.

- Die Unternehmen müssen den ÖPNV kundenorientiert ausgestalten. Durch Vertragsgestaltung und Förderpolitik sollten bei ihnen technische und betriebliche Innovationen zur Sicherung eines umweltfreundlichen, stadtverträglichen und am Markt erfolgreichen ÖPNV unterstützt werden. Die Unternehmen werden in Zukunft in Konkurrenz zueinander, aber trotzdem in enger Kooperation miteinander an der Zukunftsaufgabe ÖPNV arbeiten. Maßstab allen Handelns muss das Interesse der Öffentlichkeit und der Kunden sein.

## 5.3. Eisenbahnverkehr[132]
## (Prof. Dr.-Ing. Arnd Stephan)

### 5.3.1. Herausforderungen für die Eisenbahn

Von Beginn an entfaltete die Eisenbahn als Verkehrssystem eine starke Raumwirkung. Entlang der schnell wachsenden Eisenbahnnetze des 19. Jahrhunderts entwickelten sich die bis heute wichtigsten Industriestandorte und Siedlungsräume. Eine ähnliche Wirkung ging auch von den Bahnsystemen innerhalb der Städte aus. Sie ermöglichten eine zuvor nicht gekannte urbane Mobilität und führten zu einer großflächigen Ausbreitung der Siedlungsstrukturen. Auf dem ersten Höhepunkt ihrer Entwicklung in den 1920er bis 1930er Jahren war die Bahn das leistungsfähigste und damit attraktivste Verkehrsmittel überhaupt.

Mit dem Siegszug des Automobils im Individual- und Güterverkehr nach 1960 änderte sich ihre Rolle: die letztlich auch politisch nicht zu verhindernde Aufgabe unwirtschaftlicher Strecken und Verkehre, damit der Rückzug aus der Fläche sowie viele vergleichsweise ineffiziente Produktionstechnologien führten nicht nur zu einem Rückgang der absoluten Verkehrsleistung, sondern vor allem zu einem immer geringer werdenden Anteil der Bahn am stetig wachsenden Gesamtverkehrsmarkt. Verbunden damit war auch ein starker Imageverlust.

Diese Entwicklung änderte sich grundlegend erst ab den 1990-er Jahren. Wesentlich dazu beigetragen haben die folgenden Faktoren:

- zunehmende (temporäre) Erschöpfung der Straßen- und Luftverkehrskapazitäten vor allem in Spitzenzeiten;

- verstärkte Investition in Neu- und Ausbaustrecken zur Entmischung und Beschleunigung des Bahnverkehrs;

- zunehmende Automatisierung;

- umfangreiche Fahrzeugneubeschaffungen mit verbesserten Technologien;

- Containerisierung des Welthandels sowie

- geändertes Umweltbewusstsein.

Heute sind es vor allem die nachfolgenden drei Segmente, in denen der Bahnverkehr hochattraktiv und insgesamt auch konkurrenzfähig ist:

- Hochleistungs-Güterbahnen als Bestandteil einer intermodalen Logistikkette

- schnelle, attraktive Personenfernverkehrsbahnen, meist auf Hochgeschwindigkeitstrassen

- leistungsfähige innerstädtische Nahverkehrsbahnen

---

[132] Vgl. KÖRFGEN (2010)

Vor allem im internationalen Maßstab hat eine Renaissance des Bahnverkehrs eingesetzt. Weltweit entstehen derzeit in großen Agglomerationen zahlreiche neue Nahverkehrsbahnen; die Anzahl der Neu- und Ausbaubauprojekte weltweit ist deutlich dreistellig, dabei in vielen Städten erstmals, in einigen sogar wieder. In mehreren Schwellenländern mit hohem Wirtschaftswachstum werden ehrgeizige Eisenbahn-Neubauprojekte sowohl im Güter- als auch im Hochgeschwindigkeits-Personenverkehr realisiert.

### 5.3.2. Ausgewählte Strategien, Einschätzungen sowie Handlungsoptionen und -erfordernisse

Betrachtet man die o. g. drei Erfolgssegmente im gegenwärtigen Bahnverkehr, sind die nachfolgenden Aspekte für die weitere Entwicklung ausschlaggebend:

Güterverkehr:

- Zunahme der Rohstoff- und Warenströme im Zuge der weiteren Internationalisierung
- logistisch und wirtschaftlich vorteilhafte Verlagerung lang laufender Transporte auf spurgeführte Verkehrssysteme
- rasante Entwicklung völlig neuer großer Verkehrsmärkte (Asien, Mittlerer Osten, Südamerika)

Bei dieser Entwicklung sind zudem folgende Randbedingungen zu berücksichtigen: Die überdurchschnittliche Verteuerung der Treibstoffkosten als prägende Betriebskosten im Straßen- und Luftverkehr lässt deren Wettbewerbsvorteile schrumpfen. Die straßengebundene Elektromobilität kann jedoch für den Güterfernverkehr aufgrund der stark begrenzten Speicherkapazitäten auch zukünftig keine wirtschaftliche Alternativlösung anbieten.

Dem gegenüber ist im Schienengüterverkehr der klassischen Eisenbahnländer das Problem der unzureichenden Leistungsfähigkeit vor allem in den Netzknoten zu lösen. Zudem wirkt eine unzureichende betriebliche und technische Interoperabilität der historisch gewachsenen länderspezifischen Bahnnetze als starkes Hemmnis.

Personenfernverkehr:

- Änderung der Siedlungsstrukturen: sehr hohe Bevölkerungskonzentration in Großstädten
- weltweite Entstehung neuer überregionaler Verkehrsmärkte
- demografischer Wandel (international gegensätzlich!)
- zunehmender auch internationaler Wettbewerb auf der Schiene

Als Randbedingungen sind hierbei wiederum die Wachstumsgrenzen im Straßen- und Luftverkehr einschließlich der Kraftstoffverteuerung zu nennen. Wie viele internationale Beispiele zeigen, sind Hochgeschwindigkeitsbahnen im Entfernungsbereich ab etwa 200 km bis weit über 500 km hinsichtlich Leistungsfähigkeit und Komfort nahezu konkurrenzlos.

### Stadt- und Regionalverkehr

- Entstehung von großen Siedlungskonzentrationen bis hin zu Megacities mit mehr als 10 Mio. Einwohnern

- begrenzt vorhandene innerstädtische Verkehrsflächen, insbesondere auch für ruhende Verkehre

- keine Straßenverkehrsentlastung in den Städten durch individuelle E-Mobility

Hierbei ist zu beobachten, dass sowohl die permanent hoch belasteten städtischen Straßen als auch der generelle Wertewandel im Verhältnis zum Automobil als gesellschaftlichem Statussymbol zu mehr Rationalität bei der Verkehrsmittelwahl beitragen.

Die europäische Bahnreform hat zudem gezeigt, dass Konkurrenz unter den Bahnbetreibern tatsächlich das Geschäft stark beleben kann. Einerseits konnten die bestehenden Unternehmen mehr Verkehr auf die Schiene bringen, andererseits sind viele neue Transportunternehmen entstanden. Deren Bestand wird – wie es auch beim Luftverkehr zu sehen war und ist – vor allem von ihrer Entwicklungsfähigkeit abhängen. Erfolgreiche Bahnunternehmen gehen sehr ähnliche Wege: international werden, Allianzen bilden, Geschäftsfelder und -modelle erweitern, Mobilitäts- bzw. Logistikketten anbieten, Tarife flexibilisieren, Zugang zum System und Ticketing erleichtern, Komfort und Information verbessern ...

## 5.4.  Einschätzung der DB AG (Dr. Ralph Körfgen)

Das 9. Friedrich-List-Forum in Dresden bot die Gelegenheit, die Handlungsoptionen und die Zukunftsvisionen für die Perspektive 2025 des größten deutschen Bahnbetreibers DB AG durch den Leiter der Konzernentwicklung, Herrn Dr. Ralph Körfgen, erläutert zu bekommen. Ausgehend von der gegenwärtigen Konzernstruktur der DB AG sowie ihrer führenden Positionierung im nationalen und europäischen Verkehrsmarkt – nicht zuletzt auch im Ergebnis der Bahnreform – steckte Dr. Körfgen die wichtigsten Entwicklungs- und Umsetzungsperspektiven ab. Die DB AG ist mit ihren Konzernunternehmen derzeit in den Marktsegmenten Personenverkehr, Güterverkehr und Infrastrukturbetrieb aktiv, wobei bereits mehr als ein Drittel der Mitarbeiter im Ausland beschäftigt ist.

Wesentlicher Treiber für die Aufstellung und künftige Entwicklung des DB-Konzerns ist die Erwartung, dass die Megatrends im Verkehrsmarkt – insbes. Globalisierung, Deregulierung, Ressourcenverknappung und demographischer Wandel – eine steigende Nachfrage vor allem nach intelligenten Mobilitäts- und Logistiklösungen generieren werden. Auf diese Herausforderungen sieht sich die DB AG schon jetzt gut vorbereitet, da sie – ausgehend von ihren Kernkompetenzen der Entwicklung und des Betriebs intergrierter Verkehrsnetzwerke – ihr Kerngeschäft aus der Eisenbahn in Deutschland heraus gezielt international weiterentwickelt. Die Konzernvision, das weltweit führende Mobilitäts- und Logistikunternehmen zu werden, definiert dabei die strategische Ausrichtung. Dazu gehören der weltweite Ausbau und die Verknüpfung von Verkehrsnetzen (nicht nur der Bahnen), das Setzen von Maßstäben hinsichtlich Qualität und Kundenzufriedenheit sowie die nachhaltige Steigerung der Profitabilität.

Die Perspektive für den Schienenpersonenverkehr soll vor allem ein verbessertes Kundenangebot sein: integrierte Mobilitätsketten durch Verknüpfung verschiedener Verkehrsmodi, vereinfachte Buchung und Bezahlung über alle benutzten Verkehrsträger hinweg, Auslastungsverbesserung durch nachfrage- und kapazitätsorientierte Preisstrukturen, dynamische Reisendeninformation sowie Verbesserung der Interoperabilität. Die Internationalisierung soll über die Erschließung von Regionalverkehrsmärkten im Ausland u.a. durch Ausschreibungsgewinne und Übernahmen sowie im Fernverkehr durch den Ausbau eigener grenzüberschreitender Verkehre erreicht werden.

In der anschließenden Diskussion wurden hierzu aus dem Auditorium gezielt Fragen gestellt, ob die Perspektive im Personenverkehr tatsächlich nur in einer verbesserten Vermarktung und Verknüpfung bestehender Systeme gesehen wird, oder ob auch veränderte Produktionstechnologien oder gar innovative Produktionsmittel Teil der Zukunftsvision seien. Dr. Körfgen führte aus, dass in dem für den Kunden erlebbaren Produkt die Innovationen primär aus den o.g. Faktoren und deren Abildung in intelligenten Vertriebs—und Informationssystemen spürbar sein werden. Aus dem Auditorium wurde vermekrt, dass insbesondere die häufigen technischen Probleme der Bahn in jüngster Vergangenheit auch im internationalen Vergleich zeigten, dass es deutliches Entwicklungspotenzial gäbe und dass Technik und Technologie mehr Raum im Zukunftskonzept eingeräumt werden müsse.

Anschließend wurden die Perspektiven für den Schienengüterverkehr beleuchtet. Auch hier steht die Verbesserung des Kundenangebotes im Vordergrund: teilautomatisierte Angebotserstellung mit standardisierten Mechanismen für Transferpreise konkurrierender Bahnen, Planbarkeit durch webbasierte Fahrpläne, Echtzeitkundeninformation, höhere Transportgeschwindigkeiten und garantierte Pünktlichkeit in der Gesamttransportkette, bessere Zugangsmöglichkeiten durch neue Gleisanschlüsse und Railports. Darüber hinaus soll auch eine optimierte Produktionsplanung Auslastungs- und Produktivitätssteigerungen ermöglichen: hierzu wurden beispielhaft Kapazitätsbuchungssysteme im fahrplanmäßigen Einzelwagenverkehr, internationale Ko-operationsmodelle wie XRail sowie Schwerlastzüge und größere Zuglängen angeführt. Für die DB AG bedeutet dies einen kundenorientierten Ausbau des europäischen Produktions- und Vertriebsnetzwerks mit dem Ziel, europaweit Güterverkehre wirtschaftlich anbieten zu können.

Für den Infrastrukturbetrieb wird in einer langfristigen Perspektive auf die zeit- und bedarfsgerechte Umsetzung der notwendigen Neu- und Ausbauvorhaben gesetzt. Dies soll zu ausreichenden Kapazitäten für die zukünftig steigenden Nachfrage insbes. im Schienengüterverkehr führen. Die notwendige Interoperabilität im europäischen Schienenverkehr wird über die Harmonisierung der Netzzugangsbedingungen und grenzüberschreitende Trassenvergabe angestrebt. Auch eine verbesserte Umweltbilanz wird als Ziel formuliert. Zu Maßnahmen hierfür gehören beispielsweise ein signifikanter Ausbau des Anteils regenerativer Energien im Bahnstrommix sowie erhebliche Investitionen in den Lärmschutz.

Schließlich wurde die Absicherung des Finanzierungsbedarfs für den Aus- und Neubau der Eisenbahninfrastruktur als notwendiger Bestandteil der Zukunftsperspektive aufgezeigt. Hier sind zur Schließung der Finanzierungslücken noch erhebliche Anstrengungen auch von Seiten des Bundes erforderlich.

Die vom Bund zur Verfügung gestellten Finanzmittel für Neu- und Ausbaumaßnahmen werden mit Blick auf künftige Verkehrsströme gezielt in national und grenzüberschreitend bedeutsame Strecken und Knoten investiert. Im Fokus stehen hierbei sowohl die leistungsfähige Anbindung der Seehäfen an das Hinterland als auch der Ausbau des nationalen Hochgeschwindigkeitsnetzes. Mit Bundesmitteln aus den Konjunkturprogrammen sowie dem sogenannten Sofortprogramm Seehafenhinterlandverkehr wurde die Umsetzung dieser Maßnahmen 2009 und 2010 zusätzlich beschleunigt. Um bis zur Fertigstellung wichtiger Bedarfsplanmaßnahmen, etwa der Neubaustrecken Rhein/Main – Rhein/Neckar, Hamburg/Bremen – Hannover (sogenannte Y-Trasse), oder Karlsruhe – Basel, das prognostizierte Wachstum in Schienengüterverkehr bewältigen zu können, soll daneben durch das sogenannte Wachstumsprogramm die Kapazität des Netzes bis 2017 weiter erhöht werden. Hierzu werden auf den Hauptverkehrskorridoren in Nord-Süd-Richtung Alternativstrecken ausgebaut und somit absehbare Engpässe auf den Hauptrouten entschärft.

Die Feststellung aus dem Auditorium, dass sich aufgrund der angestrebten Angebotsverbesserungen für den Nahverkehr in Ballungszentren die heute schon vorhandenen Kapazitätsprobleme vor allem in den Netzknoten zukünftig massiv verschärfen würden, wurde dem Grunde nach bejaht. Um dem entgegen zu wirken, gewinnt die oben beschriebene Entlastung von Hauptkorridoren sowie der Ausbau von Knoten immer mehr an Bedeutung. Infrastrukturmaßnahmen u. a. in den Metropolregionen Frankfurt, Stuttgart und München werden durch die DB AG weiter vorangetrieben. Trotz der hohen Auslastung des Netzes konnten Konflikte zwischen Trassenanmeldungen bislang immer im Rahmen des diskriminierungsfreien Procederes der Trassenvergabe gelöst werden. Eine grundsätzliche Priorisierung des Güterverkehrs – so wie durch das Auditorium aufgeworfen – findet dabei nicht statt. Aufgrund der finanziellen Restriktionen für die Umsetzung von Neu- und Ausbauvorhaben werden Anreizmechanismen und Maßnahmen zur Nutzungsoptimierung und Nachfragesteuerung bei weiter wachsendem Verkehrsaufkommen zukünftig an Bedeutung gewinnen.

Um die infrastrukturellen Voraussetzungen für gegenüber dem Straßen- und Luftverkehr konkurrenzfähige und umweltschonende Personen- und Güterverkehre auf der Schiene zu gewährleisten, wird die Netzstrategie kontinuierlich überprüft und weiterentwickelt. Aufgrund der langen Planungs- und Realisierungszeiträume von Infrastrukturprojekten heißt das für die DB AG, bereits heute Konzepte für den Prognosehorizont 2025 – 2030 zu erarbeiten, daraus Maßnahmen abzuleiten und deren Umsetzung anzustoßen.

Da die letztgenannten Strategieaspekte vorrangig für das deutsche Kerngeschäft der DB AG gelten, wurde in der anschließenden Diskussion auch die Frage erörtert, welche Rolle die DB AG im internationalen Geschäft außerhalb Europas spielen kann. Mit Blick auf die schnell wachsenden Verkehrsmärkte z.B. in Arabien oder Fernost kann die DB derzeit dort vor allem ihr Know-How in Planung, Bau und Inbetriebnahme vermarkten. Langfristig wird auch auf diesen Märkten die Frage eines eigenen Betriebs zu beantworten sein. Diese Perspektive ist international aber noch sehr schwierig. In großen Verkehrsmärkten wie China oder Indien ist das derzeit entweder rechtlich verboten oder praktisch unmöglich. Darum liegt aus heutiger Perspektive der klare Fokus auf Europa, um ggf. später auch in anderen Erdteilen beteiligt zu sein. Mit dem Großprojekt in Quatar ist ein erster erfolgversprechender Schritt getan.

## Ausblick

Zusammenfassend kann festgehalten werden, dass das Verkehrsmittel Bahn – obwohl weltweit unterschiedlich stark ausgeprägt – derzeit auf dem Weg zu einer neuen Blütezeit ist. Ihre Rolle hat sich dabei jedoch verändert: nicht mehr einziges Landverkehrsmittel, sondern Verkehrssystem mit dezidierten Vorteilen bei Leistungsfähigkeit, Komfort und Umweltverträglichkeit für bestimmte Transportaufgaben. Im Personentransport sind das der städtische Nah- und Regionalverkehr sowie der schnelle Fernverkehr. Im Güterverkehr kann die Bahn ihr Potenzial vor allem als integrierter Bestandteil großer Logistikketten entfalten. Also: nicht mehr alles und jeden zu jeder Zeit überallhin, sondern vieles schnell, effizient und umweltfreundlich über größere Entfernungen.

In Deutschland und Europa wird die Bahn als Verkehrsträger sich weiter verbessern, ohne dass dabei grundlegende Strukturänderungen in den bestehenden Netzen zu erwarten sind. Ein strategischer Aus- bzw. Neubau des Eisenbahnsystems wie derzeit beispielsweise in China, wo innerhalb von 10 Jahren über 12.000 km Neubaustrecken allein für den Hochgeschwindigkeitsverkehr entstehen, ist für Europa oder Deutschland nicht abzusehen. Möglicherweise aber in anderen Teilen der Welt, z. B. in Südamerika. Es bleibt spannend, wer diese Systeme bauen und betreiben wird.

Und abschließend noch eine Klarstellung: nahezu alle leistungsfähigen Bahnsysteme werden schon lange rein elektrisch betrieben. Die derzeit stark propagierte Zukunftstechnologie Elektromobilität ist im Bahnverkehr seit vielen Jahren Standard. Damit ist die Bahn ein modernes System und in dieser Hinsicht den anderen Verkehrsträgern weit voraus.

## 5.5. Automobilhersteller
### (Prof. Dr.-Ing. Bernard Bäker)

### 5.5.1. Herausforderungen für die Automobilindustrie

Aktuelle Produktpaletten großer Fahrzeughersteller decken neben Basisfahrzeugen der genormten Klasse A bis Klasse O der EU-Führerschein- und Fahrzeugklassen zunehmend auch Nischenbereiche wie beispielsweise kleine zweisitzige Fahrzeuge oder so genannte SUV (Sport Utility Vehicle) und Crossover-Modelle ab. Zu den Motivationen dieser gesteigerten Diversifizierung des Produktangebots zählt neben der Adressierung neuer Kundenschichten auch die Reaktion auf eine sich verändernde Gesellschaft mit einem zunehmenden Energie- und Emissionsbewusstsein. Gerade die energetische Diskussion rückt vor dem Hintergrund eines erhöhten Anteils regenerativer Energieerzeugungen in den Vordergrund, wobei der Fahrzeugkäufer schon heute zwischen einer Vielzahl unterschiedlicher Antriebsarten wählen kann (vgl. verbrennungsmotorische Antriebe (fossile Kraftstoffe, künstliche Kraftstoffe), elektrifizierte Antriebe, reine Elektrofahrzeuge und Kombinationen daraus).

Diese Antriebsarten besitzen je nach Einsatzszenario und Fahrzyklus Vor- und Nachteile. Daher werden zukünftige Mobilitätskonzepte des Individualverkehrs durch den kombinatorischen Einsatz unterschiedlicher Energieträger zur motorischen Drehmomenterzeugung im Fahrzeug geprägt sein. Hierzu zählen unter anderem neben Benzin, Diesel und Gas auch verschiedene Derivate eben dieser und auch Wasserstoff zur Verwendung in verbrennungsmotorischen Zweigen des Antriebtranges. Elektromotorische Antriebsaggregate werden durch elektrischen Strom gespeist, der in Form unterschiedlicher, elektrischer Speichertechnologien im Fahrzeug zum Antrieb der Haupt-, Hilfs- und/oder der Nebenaggregate und zum Betreiben sonstiger elektrischer Verbraucher gespeichert wird. Dieser Strom wird entweder während der Fahrt durch einen Generator als Nebenaggregat eines Verbrennungsmotors erzeugt oder durch das Laden einer Bordbatterie an einer Steckdose mit Anbindung an das öffentliche Energienetz zur Verfügung gestellt.

Die erstgenannten, fossilen und zumeist fluiden Energieformen besitzen im Vergleich zur Elektrizität den Vorteil einer vergleichsweise hohen Energiespeicherdichte und damit die Möglichkeit hohe Energieanteile innerhalb kurzer Zeit in ein Fahrzeug nachladen zu können. Ein Nachteil hingegen ist die nicht vorhandene Fähigkeit einer einfachen Rekuperation, also einer Energierückgewinnung in Betriebsphasen eines Überschusses an kinetischer oder potenzieller Energie im Fahrzeug. Hier bietet die elektrische Energieform in Kombination mit elektromotorischen Antrieben im 4-Quadranten-Betrieb Vorteile, weil z.B. eine Rekuperation im generatorischen Betrieb möglich ist, sofern der elektrische Speicher im Fahrzeug nicht bereits vollständig geladen ist.

Aufgrund der globalen Energie- und Emissionsdiskussion, nicht zuletzt wegen einer Erhöhung der regenerativen Energieanteile und einer CO$_2$-basierten Fahrzeugbesteuerung, treten Ansätze einer nachhaltigen sowohl umfassenden, nationalen aber auch internationalen Elektromobilität in den Vordergrund. Eine technologische Systemgrenze und zugleich Herausforderung hierfür ist die mit fossilen Kraftstoffen verglichen ungenügende Energiespeicherdichte elektrischer Speichertechnologien. Dies führt dazu, dass derzeit rein elektrische Fahranteile entweder nur kurzzeitig (vgl. Power-/ Voll-Hybrid Fahrzeuge) oder nur kurzzeitig unterstützend (vgl. Mild-Hybrid/Micro-Hybrid Architekturen) dargestellt werden können, um einer realistischen Summenanforderung nach Fahrzeuggewicht, -kosten und -reichweite in einem vertretbaren Rahmen seriös und massentauglich nachzukommen und am Markt entsprechende Produkte anbieten zu können.

Zukünftige Ansätze einer individuellen und vor allem massentauglichen Elektromobilität sind deshalb durch eine Infrastrukturdiskussion geprägt, die im Wesentlichen real umsetzbare Konzepte zum Nachladen/Austauschen der elektrischen Speicher vorsehen müssen (kabelgebunden, galvanisch oder induktiv gekoppelt oder durch einen Batteriewechsel). Technisch gesehen gäbe es noch alternative Ansätze einer elektrischen Energiezufuhr, die u. U. allerdings im Widerspruch zur individuellen Mobilität mit maximalem Freiheitsgrad stehen (vgl. elektrische Oberleitungen, induktive oder speziell für elektrifizierte Fahrzeuge vorgesehene Fahrtrassen). Akzeptable Reichweiten lassen sich derzeit rein elektrisch angetrieben nur mit Fahrzeugkonzepten realisieren, die neben einem Elektroantrieb in der Größenordnung von ca. 20-40 kW auch Batteriekapazitäten von ca. 15-20 kWh aufweisen (elektrische Reichweite dann ca. 100-150 km, je nach Verwendungszweck und Speichertechnologie, hier z.B. Varianten der Li-Ionen-Technologie). Verbunden ist dies mit einem Hochspannungszwischenkreis im Fahrzeugbordnetz von einigen 100 Volt (ca. 300-400 Volt Betriebsspannung), also einem Hochvolt-Bordnetz, welches speziellen Richtlinien unterliegt.

Neben diesen im Wesentlichen technisch begründeten Rahmenbedingungen darf des Weiteren die aktuelle und zu erwartende Rohstoffsituation nicht vernachlässigt werden. Dies bezieht sich zum einen auf marktpolitische und auf marktstrategische Aspekte aller Nationen, die bei der Suche, der Förderung, dem Handel, der Verarbeitung und Produktintegration sowie des Rohstoffrecyclings beteiligt sind. Zu den wichtigsten Rohstoffen neuer Fahrzeugkonzepte zählen hier neben den üblichen Kunstoffen und Metallen des Fahrzeugbaus beispielsweise die Elemente der seltenen Erden, Lithium, Nickel, Cadmium (Bestandteile elektrischer Batteriezellen und -systeme) und magnetische Materialien elektrischer Maschinen (z.B. Neodym). Wie beim Mineralöl kann die Größe der noch verfügbaren Rohstoffvorkommen auf der Erde nur geschätzt werden und bereits heute entwickeln sich Preiskämpfe, Handelskriege, erzwungene strategische Lieferengpässe und Embargos.

### 5.5.2. Ausgewählte Strategien, Einschätzungen sowie Handlungsoptionen und -erfordernisse

Einschätzungen und Strategien der Volkswagen AG

Herr Müller-Pietralla hat als Zukunftsforscher der Volkswagen AG die Herausforderung angenommen, vor genau diesem technischen Hintergrund in Kombination mit zu erwartenden gesellschaftlichen, ökologischen, ökonomischen und ggf. politischen Rahmenbedingungen neue Fahrzeug- und Mobilitätskonzepte zu entwerfen.

Zu seinen Prämissen gehören neben diesen Einflussfaktoren sich verändernder Stadtstrukturen, eine Konsumverdichtung und globale Wachstumsmärkte. Zukünftige Kernthemen sind nach seinen Aussagen die Ausblicke bzgl. Energie, Nachhaltigkeit und Umwelt zzgl. der sich daraus ergebenden Einflüsse auf eine Mobilität der Zukunft. Überlagert würde dies durch eine sich **trendausprägende Entschleunigung,** wozu im Wesentlichen das Problemfeld immer komplexer werdender argumentativer Zusammenhänge und Verkettungen zählt. Hierfür werden kommunizierbare Vereinfachungen und weitere Stufen eines Innovationsmanagements notwendig.

Notwendige Vermittlerebenen könnten sein: Die Erstellung einer Technologielandkarte (welche Technologien sind für welche Anwendung nach den obigen Prämissen verfügbar und sinnvoll), ein neuartiger Fahrzeugbasisentwurf mit neuem Grundaufbau, IT-Vernetzung und moderner Kommunikationsanbindung, Integration eines intelligenten Energie- und Antriebssystems mit zugehöriger Einbindung in übergreifende dynamische, nationale oder globale Energiesysteme und IT-Strukturen. Hieraus ergeben sich in der Folge Zielkonflikte, die sich im **Spannungsfeld einer Stadt- und Verkehrsentwicklung vs. Fahrzeuganpassung** bewegen. Nach der grundlegenden Energie- und Energieinfrastrukturdiskussion lassen sich zahlreiche Unterthemen ableiten, bspw. der Ansatz eines „Hybriden Verkehrs" (Kombination verschiedener Fahrzeugkonzepte in Ballungszentren und zugehörigen Peripherien), neue Konzepte einer Organisation des Verkehrs auf Basis nächster IT-Stufen, neue Fahrzeugtypen einer „Mikro-Mobilität" (Fahrzeuge für 1-3 Personen, wobei das Fahrzeug selber nicht größer als die zu bewegende Person sein kann). Zusammengefasst werden letztere Themen von Herrn Müller-Pietralla mit dem Spektrum rein technologischer Ansätze, so genannter „Social Networked Cars" (Fahrzeuge mit deutlich größerer Ausrichtung interaktiver Kommunikationssysteme und aktueller menschlicher Fragestellungen des täglichen Lebens, Navigation, Veranstaltungs- und Restaurant-Infos etc.) und der Fragestellung „Dienstleistung vs. Komfort" beschrieben.

Diese Ansichten teilt Prof. Bernard Bäker, wobei er in seinen Ausführungen exemplarisch das Thema der Elektromobilität detaillierter adressiert, welches Herr Müller-Pietralla als eine Möglichkeit einer zukünftigen Antriebsform vorstellt. Diese, und hier haben beide Konsens, zeigt die zuvor beschriebene Komplexität der Systemzusammenhänge. Um die existierenden Zielkonflikte, bestehend aus Kostensituationen vs. einem immanenten Mobilitätsbedarf bei gleichzeitiger $CO_2$-Diskussion, konsequent angehen zu können, müssen zunächst die Rahmenbedingungen und ihre Abhängigkeiten strukturiert werden. Zu den Key-Playern, den Kernthemen und Basismotivatoren (nur eine Auswahl) gehören:

- <u>Die Politik</u>: Gesetze und Richtlinien, Emissionsgrenzwerte, Steuereinnahmen, Infrastruktur, Verkehrswege, Energieversorgung, Strategie einer regenerativen Energieerzeugung, Subventionierung.

- <u>Die Energieversorger</u>: Grundlastfähigkeit, konventionelle und regenerative Energiesysteme, Geschäftsmodelle.

- <u>Die Mineralölindustrie</u>: Kraftstoffpreise, Zukunftsabsatz, Geschäftsmodelle.

- <u>Der Endkunde und Kundennutzen</u>: Reichweite, Kosten, Verbrauch, Lebensdauer, Funktionsumfang.

- <u>Die Fahrzeughersteller</u>: Absatzzahlen, Rendite, Emissionen, Fahrzeuggewicht, Verbrauch.

- <u>Die automobilen Systemlieferanten</u>: Stückzahlen, Energieeffizienz.

- <u>Der elektrische Energiespeicher</u>: Bauform, Gehäuse, Absicherung, Spannungslage, Batteriemanagement, Thermomanagement, Schnellladung, Ladezustand, Zellen-Balancing, Ausfall, Alterung, Lebensdauer.

Die folgende offene Diskussion zeigt, dass eben diese Zusammenhänge und die darin enthaltenen Wirkketten kaum in der Gänze bekannt sind. So wird an mehreren Stellen die Forderung nach neuen Formen einer Elektromobilität aufgestellt (bspw. durch Fahrzeuge der Mikroelektromobilität in Form von Elektroscootern und Elektrorollern), die bei genauer Betrachtung aber an nicht erfüllten Zulassungsrichtlinien und nicht vorhandenen Fahrwegen, also einer heute nicht existierenden bzw. noch nicht angedachten oder kurz bis mittelfristig umsetzbaren Infrastruktur, scheitern. Zudem wird klar, dass eine massentaugliche und nachhaltige Automobilität auf Basis einer elektrifizierten Antriebstrangstruktur in den Fahrzeugen der Zukunft die Kernherausforderung ist. Dies ist nur in einem größeren Kontext logistisch und kostenseitig seriös umsetzbar und unweigerlich mit einer internationalen Energiediskussion und nationaler Mobilitätsplanung verknüpft.

Diese Herausforderungen sind in der Wirtschaft nicht unbekannt, was sich auch durch die vielseitigen Impulse und Denkanstöße des Referats von Herrn Müller-Pietralla zeigt. Es existieren allerdings physikalische, elektrochemische und monetäre Grenzen, die neue wünschenswerte und tragfähige Produktgruppen verhindern. So werden sich zukünftige Forschungsaktivitäten eher auf die Optimierung aktueller Fahrzeuge und die Kombinatorik existierender Ansätze beziehen. Aussichtsreiche Forschungsfelder einer nächsten Mobilitätsgeneration sind übergreifende Verkehrssteuerungen und –planungen nach energetischen Gesichtspunkten, bspw. speziell für elektrifizierte Fahrzeuge im Sinne eines ganzheitlichen Energiemanagements auf Basis einer intelligenten und situationsabhängigen Routen- und Fahrwegplanung (Stichwort „Intermodales Routing"). Weiter ist eine detailliertere Infrastrukturplanung notwendig, die sowohl mobile als auch immobile Themen unseres täglichen Lebens energetisch und von der Kommunikationsanbindung her kombiniert[133].

### Handlungsoptionen und –erfordernisse

Wenngleich elektrifizierte Fahrzeuge bei der Emissionsproblematik in Großstädten und Ballungszentren Lösungspotenziale bieten, kann vor dem oben beschriebenen Hintergrund kurz bis mittelfristig nicht auf verbrennungsmotorische Antriebe im Individualverkehr verzichtet werden. Die vergleichsweise hohe Nutzen/Kosten-Relation der Verbrennungsmotoren kann derzeit nicht durch elektrifizierte Individualmobilkonzepte erreicht werden. Elektrifizierte Antriebskonzepte und rein elektrisch angetriebene Fahrzeuge werden sich in Nischen der Mobilitätsabdeckung durchaus etablieren können (denkbar zum Beispiel beim innerstädtischen Liefer- und Taxiverkehr, im Bereich des Flugfeldtransportverkehrs oder kleinerer Reichweiten touristischer oder freizeitsportlicher Fortbewegung), wobei sich die Mobilitätsbedarfe aufgrund der sich verändernden Rahmenbedingungen (z. B. gesellschaftliche Veränderungen, Energiepreiserhöhungen, Landflucht etc.) ebenfalls verschieben werden.

Nicht auszuschließen sind mittel- bis langfristig politische Einwirkungen, wie bspw. eine Subventionierung elektrifizierter Fahrzeuge durch eine Anpassung der Steuerregelungen oder eine Verschärfung der Einfahrordnung in Stadtzentren. Energetisch gesehen wird dies aber bei erhöhtem Anteil strombasierter Fahrzeuge nur zu einer Verlagerung der Energieerzeugung und -transformation der Emissionen führen, was geografisch an anderen Stellen zur Herausforderung wird.

Wir werden zu Steuerungszwecken die immanente Systemgrenze „Fahrzeug" verlassen und erweitern müssen. Deshalb kann die Vernetzung der Fahrzeuge untereinander und mit Infrastrukturen einer Stadt oder einer Straßenführung hier nächste Stufen energieeffizienter Fahr- und Betriebsstrategien, für Sicherheits- und Komfortfunktionen und zukünftige Ansätze einer Verkehrssteuerung darstellen. Die technischen Lösungen hierfür existieren bereits (vgl. Handy-Technologien oder Verkehrsleitsysteme, prädiktive Regelungen und Steuerungen, Wärmemanagament, Adaptive Energiebordnetze, um nur einige weiterer Ansätze und Ausprägungen zu nennen). Ökonomisch ergeben sich zudem die Fragestellungen einer Suche und der Entwicklung tragfähiger Geschäftsmodelle notwendiger Finanzierungswege einer benötigten energetischen und informationstechnischen Infrastruktur sowie der verkehrstechnischen Integration zugehöriger Fahrwege bzw. verkehrstechnischer Regelungen in Ballungszentren.

Bzgl. möglicher, neuartiger Fahrzeugkonzepte kann festgehalten werden, dass es hier keinen allgemeingültigen Königsweg einer Auto- oder Elektromobilität der Zukunft gibt[134]. Unsere individualmobile Zukunft wird geprägt sein von verschiedensten Mobilitätskonzepten. Dazu gehören rein elektrisch fahrende Fahrzeuge (Fahrräder, Pedelecs, E-Roller, E-Scooter etc.), hybridisierte Autos und

---

[133] Vgl. Ansatz „Wohnen und Mobilität"

[134] Vgl. Prognosen der Zusammensetzung der Pkw-Flotte (Abschnitt 4.2.6, S. 43)

verbrennungsmotorische Kraftfahrzeuge für schwere Lasten und längere Fahrwege gleichermaßen. Es werden sich diesbezüglich sogar gesellschaftliche Veränderungen einstellen und auch einstellen müssen. Das Energiebewusstsein wird um ein Vielfaches größer werden als heute und es werden neben regenerativen Energiesystemen auch die Themen Gebäudedämmung und Energieeffizienz in alle Lebensbereiche Einzug halten.

Notwendig wird ein übergreifendes, nationales und nach Möglichkeit globales Energiemanagement. Nur so können auf diesem Erdkreis alle meteorologischen Vorteile genutzt und alle geografischen Nachteile ggf. kompensiert werden. Um sukzessiv die nächsten Stufen einer Elektromobilität konsequent planen und umsetzen zu können, kann es zudem sinnvoll sein, ein strukturiertes Bewertungssystem zu entwerfen. Dies könnte mehr Transparenz schaffen, wann und für welche Anwendung welche Art von Elektromobilität und eines Energiemanagements am effizientesten ist bzw. welche Rahmenbedingungen erfüllt sein müssen, damit eine bestimmte Art massentauglich und nachhaltig eingeführt und betrieben werden kann.

## 5.6. Luftverkehr[135]
### (Prof. Dr.-Ing. habil. Hartmut Fricke)

### 5.6.1. Herausforderungen für den Luftverkehr

Der Luftverkehr nimmt mit Investitionen in Milliardenhöhe allein beim derzeit laufenden Ausbau des Frankfurter Flughafens eine markt- und volkswirtschaftlich herausragenden Rolle in der Bundesrepublik Deutschland ein. Der Lufthansakonzern als Aktiengesellschaft ist an diesen marktwirtschaftlichen Effekten im erheblichen Maße beteiligt, sowohl im Infrastrukturbereich durch Terminalbau in Frankfurt und München als auch im Flugbetrieb im Rahmen enormer Ausgaben für neues Fluggerät in den nächsten Jahren. Dies betrifft den Lufthansa Konzern im Passagebereich u. a. den weiteren Aufbau der Airbus A380 Flotte im Langstreckenbereich sowie die Pflege der MD11 und Ausbau der Boeing B777-F Flotte im Frachtbereich. Diese Investitionen bedingen Amortisationen über Jahrzehnte und erfordern insofern verlässliche wirtschaftliche Marktbedingungen, die allerdings immer weniger gegeben sind.

Zudem kommt, dass Luftverkehr dem Einsatzspektrum geschuldet immanent länderübergreifend, international ausgerichtet ist. Insofern müssen Flughäfen und Luftverkehrsgesellschaften ihre Rendite unter weltweiten wettbewerblichen Randbedingungen erwirtschaften. Diese durch die Politik gesteuerten Konditionen sind zwar zunehmend europäisch ausgerichtet, häufig aber auch schlicht landespolitischen Interessen folgend. Wirklich internationale Verkehrspolitik ist hingegen weiterhin kaum spürbar. Hierdurch ergibt sich speziell für den Luftverkehr ein massives Spannungsverhältnis zwischen Markt, regionaler Regulierung und Politik.

Insbesondere aber nicht ausschließlich der Langstreckenverkehr ist unimodal und damit nicht durch andere Verkehrsträger substituierbar. Weiterhin hängen die weltweiten Transportströme nicht von der Verkehrsinfrastruktur eines einzelnen Landes wie Deutschland ab, so dass bei regional nachteilig gesetzten wirtschaftlichen Rahmenbedingungen Arbitrageeffekte drohen, die Verkehre an Deutschland vorbeileiten. In diesem Spannungsfeld befindet sich die deutsche und im weiteren Sinne auch die europäische Luftverkehrswirtschaft aufgrund international inkompatibler Maßnahmen, wie z. B. die Luftverkehrsabgabe in Deutschland oder das ETS Emissionshandelssystem auf europäischer Ebene.

Verkehrliche Netzwerkanalysen zur quantitativen Ermittlung von Nutzen-Kosten-Verhältnissen stellen insofern ein intensives Forschungsgebiet dar, nun speziell vertieft im Bereich der Flugleistungsrechnung zur Ermittlung möglichst exakter Kraftstoff- und Flugzeitkosten auf einzelnen Relationen. Hierdurch wird angestrebt, die ökonomische Bedeutung des benannten Spannungsfeldes für die jeweilige Wirtschaft zu bestimmen. Die Bedingungen zur späte-

---

[135] Vgl. GERBER (2010)

ren Umsetzung derartiger Erkenntnisse sind hierfür derzeit günstig mit dem laufenden Programm für ein einheitliches Europäisches Luftverkehrssystem "Single European Sky (SES)" bis zum Jahr 2020.

## 5.6.2. Ausgewählte Strategien, Einschätzungen sowie Handlungsoptionen und -erfordernisse

### Strategien und Einschätzungen der Deutschen Lufthansa

Aus Sicht der Deutschen Lufthansa, die mit der Professur für Technologie und Logistik des Luftverkehrs (TU Dresden, Fakultät Verkehrswissenschaften „Friedrich List") diesen Fragen forschend nachgeht, werden diese Entwicklungen mit großer Besorgnis gesehen: Auf Grund objektiv geringerer Wachstumsraten des Weltluftverkehrs in Europa (-2,8 Mrd. US $) in 2010 gegenüber USA (+1,9 Mrd. US $) und Asien (+2,2 Mrd. US $) bestehen hohe Erwartungen bzgl. der Wirkungen des SES und an die Politik zur Bereitstellung konkurrenzfähiger Rahmenbedingungen. Starke Kritik wird insofern gegenüber den o. g. Maßnahmen geübt, da diese nicht international abgestimmt sind und damit für die Gebiete USA und insbesondere Asien gute Voraussetzungen für eine weiter wachsende Marktdurchdringung liefern. Insbesondere – politisch bereits viel diskutiert – wird eine große Gefahr der Verkehrsabwanderung aus Deutschland durch die Schaffung enormer Transportkapazitäten in den saudi-arabischen Ländern wie Dubai und nun auch Katar, aber auch China und Malaysia und Japan gesehen. Für die internationalen Warenströme ist der Standort Deutschland in großen Anteilen nur ein Warenumschlagspunkt, keine Zieldestination. Insofern sind alternative Transportwege unter Umgehung von Deutschland und bereichsweise ganz Europa wirtschaftlich vermutlich möglich. Diesem Sachverhalt muss sich die Politik wesentlich akzentuierter stellen und entsprechend handeln, insbesondere durch deutlich intensiveres Vorantreiben des SES Programms als bisher. Auch innerhalb des SES sollte die Positionierung Deutschlands weiter, der wirtschaftlichen Bedeutung des Landes innerhalb der Europäischen Union angemessen, ausgebaut werden.

Die Investitionen der Deutschen Lufthansa in die Verkehrsinfrastruktur sind privat finanziert, ohne die öffentliche Hand. Diese einzigartige wirtschaftliche Leistungsfähigkeit in Deutschland bedarf optimierter politischer Begleitmaßnahmen, um den Wohlstand im Land sichern zu können. Lufthansa weist darauf hin, dass die wirtschaftlichen Strategien des Unternehmens auch international höchst anerkannt sind, schließlich entwickelt sich der Konzern stetig zum größten Luftverkehrskonzern der Welt, derzeit mit einem Gesamtumsatz von ca. 25 Mrd. Euro und gut 113.000 Mitarbeitern. Die Beschäftigungswirkung insgesamt liegt bei etwa 300.000 direkten Arbeitsplätzen in Deutschland, mit Induktionseffekten und Wirkungen indirekter Dritter bei etwa 850.000 Arbeitsplätzen. Dennoch sind für Gesamteuropa die Bilanzen wie oben ausgeführt extrem nachteilig. Dies ist dem Fehlen eines fairen Wettbewerbs entsprechend den WTO Grundsätzen geschuldet. Die Gefahr weiterer Verlagerungseffekte ist insofern real, bspw. werden die riesigen Infrastrukturprojekte in Arabien steuerfrei realisiert; die Scheichtümer machen dies möglich.

Zur Abfederung dieser internationalen bis hinunter zu regionalen Effekte setzen große Luftverkehrskonzerne wie die Lufthansa auf Allianzen, dem Zusammenschluss mehrerer Luftverkehrsgesellschaften. Die von der Lufthansa vor über 10 Jahren mitgegründete *Star Alliance* ist der nunmehr weltweit größte Zusammenschluss mit aktuell 27 Mitgliedern. Auch Air Berlin als zweitgrößte deutsche Gesellschaft hat sich jüngst in der konkurrierenden Allianz „One World" aufnehmen lassen, den gleichen Überlegungen folgend. Im Frachtbereich, der durch erschwerende asymmetrische Warenströme gekennzeichnet ist, hat sich schließlich die Lufthansa Cargo Gruppe etabliert, ebenfalls mit Partnern von China bis in die USA.

Umweltpolitisch motiviert werden in Deutschland auch die Betriebsbedingungen für den Luftverkehr immer komplexer. Insbesondere die zunehmende Haltung gegen Nachtflugbetrieb in Deutschland wirkt empfindlich auf die zeitsensiblen Netzwerke des Luftfrachtverkehrs. Bedingt durch Zeitzonenbedingungen bei Langstreckenrelationen (unvermeidbare Starts und Landungen auch während der Nacht) als auch die zentralen, aufrechtzuerhaltenden Zeitvorteile des Luftverkehrs ist der unterbrechungsfreie Betrieb von zumindest ausgewählten Flughäfen mit Drehscheibenfunktionen unabdingbar. Durch den Lufttransport in den Nachtstunden stehen die Güter an m nächsten Morgen in global synchronisierten Supply Chains zur Weiterverarbeitung in Fabriken und Betrieben weltweit zur Weiterverarbeitung bereit. Derzeitige Geschäftsmodelle vieler Transportgesellschaften wie auch der Lufthansa Cargo würden ohne eine ausreichende Anzahl an Nachtflügen nicht mehr aufrechterhalten werden können.

Weiterhin ist festzustellen, dass die Umsatzrenditen der Luftverkehrsunternehmen aufgrund des hohen Wettbewerbs weltweit stetig sinken, die mit der Liberalisierung des Luftverkehrs seit Ende der 80iger Jahre progressiv zunahm. Heutige Werte liegen bei 2-3 % EBIT. Aus diesen Überschüssen müssen die o. g. milliardenschweren Investitionen finanziert werden, um die technologische Vorbildfunktion des Luftverkehrs in Form hochmoderner Flotten fortführen zu können.

## Handlungsoptionen und -erfordernisse

Das Luftverkehrssystem ist enorm vielfältigen internationalen Richtlinien und Vorschriften unterworfen, die Folge einzigartiger Standardisierung. Hierdurch ist der Luftverkehr zum sichersten Verkehrsträger avanciert. Es ist aber mittlerweile auch die Kehrseite zu erkennen, die sich aus dieser Strategie ableitet: Innovationen erfahren nur sehr langsam eine luftfahrttechnische Zulassung und damit Marktakzeptanz. Die Motivation für Inventionen im Luftfahrtbereich nehmen in Folge kaum zu, da eine sinkenden Marktakzeptanz auch eine höhere Risikobereitschaft nach sich zieht; dies ist unter Beachtung der häufig volatilen Ertragsmargen stark gegeben und grundsätzlich ist auch die Bereitschaft da, allerdings ist es bei diesen Strukturen und geringen Margen für jede Airline schwierig darstellbar. Hier ist die Politik gefordert, mit Luftfahrtforschungsprogrammen fördernd entgegenzusteuern.

Nur international abgestimmte Vorschriften sind luftverkehrlich akzeptabel, da nur so ein fairer Wettbewerb gemäß WTO möglich ist. Das Engagement für einen erleichterten Zugang zu Verkehrsdaten zu Forschungszwecken muss gemeinsam mit der Industrie intensiviert werden, um Evaluation von theoretischen Modellen in der anwendungsnahen Forschung, z. B. in der hier diskutierten Flugleistungsanalyse, schnell dem Markt zugänglich zu machen und somit der High-Tech Strategie der Bundesregierung zu entsprechen. Schließlich sind, wie erwähnt, die Zeitkonstanten im Luftverkehr enorm, auch durch die unabdingbar lange Lebensdauer der Luftfahrzeuge von über 30 Jahren geschuldet, so dass Innovation in Betrieb und Prozesswesen extrem wichtige Forschungsmotivatoren sind und bleiben müssen.

## 5.7. Güterverkehr und Wirtschaft[136]
## (Prof. Dr. rer. pol. habil. Bernhard Wieland)

### 5.7.1. Herausforderungen für den Güterverkehr

Die Entwicklung des Güterverkehrs kann unter lang-, mittel- und kurzfristiger Perspektive betrachtet werden.

Unter langfristigem Blickwinkel kommt Szenarien, wie den im Vortrag von Prof. Dr. Dr. Radermacher vorgestellten, entscheidende Bedeutung zu. Die Güterströme werden sich in einem Szenario *Brasilianisierung* (Angleichung der OECD-Länder an den Lebensstandard der Entwicklungs- und Schwellenländer) deutlich vom Szenario *Neue Balance* (oder ausgewogenen) Entwicklung unterscheiden, vom Szenario der Klimakatastrophe (*Fundamentaler Kollaps*) ganz zu schweigen[137].

Das Szenario der balancierten Entwicklung wird zwar durchaus mehr Verkehr bringen, doch wird – so eine zentrale These des Szenarios - die Entkoppelung von Verkehr und BSP gelingen. Die Transportleistung wird also unterproportional zur Wirtschaftsleistung steigen. **Es werden nur noch Güter hoher Wertschöpfung über weite Distanzen bewegt. Güter geringer Wertschöpfung werden lokal produziert und konsumiert.** Zu den Steuerungsmechanismen, mit denen dies erreicht werden soll, traf das Referat von Prof. Radermacher keine klare Aussage, es ist jedoch zu vermuten, dass hier nicht nur das klassische Instrumentarium von „Command-and-Control" (Verbote und Mengenbeschränkungen) eingesetzt werden soll, sondern auch wesentlich die Internalisierung externer Kosten und der Preis als Steuerungsmittel. Der Produktmix der Volkswirtschaften bewegt sich im Szenario der balancierten Entwicklung immer stärker in Richtung persönlicher Dienstleistungen; Produktivitätsfortschritte werden in der Form von Muße genutzt. Für die Güterströme und die Logistik bedeutet dies gewissermaßen eine Entwicklung von der Quantität zur Qualität der Güterströme und den logistischen Ketten.

Das Szenario der *Brasilianisierung* ist mit einer Pauperisierung der breiten Bevölkerungsschichten zugunsten einer kleinen international vernetzten Elite verbunden. Die internationalen Güterströme dürften hierbei auf ein Minimum schrumpfen. Logistik würde dabei mit hoher Wahrscheinlichkeit zu einer stagnierenden oder gar schrumpfenden Branche. Der Transport für den Konsum der 2 % internationaler Elite dürfte nicht ausreichen, um das Wegbrechen bzw. die Stagnation des Konsums der übrigen Bevölkerungsteile zu kompensieren.

Bei all diesen im Vortrag von Prof. Radermacher geschilderten langfr stigen Szenarien überrascht, dass die Kausalität nur einseitig von

---

[136] Vgl. BENSEL (2010)

[137] Vgl. Vorstellung der Szenarien in Abschnitt 2.2.1, S. 6; Vortrag Radermacher (Anhang 3)

der gesellschaftlich-politischen Ebene zur Ebene der Mobilität bzw. des Verkehrs gesehen wird. Schon rein geschichtlich gesehen zeigt sich, dass die Kausalität ebenso in umgekehrter Richtung verlaufen kann: Von der Senkung der Transportkosten und der damit verbundenen Vergrößerung der Märkte zu einer besseren Ausnutzung von Größenvorteilen und mehr Spezialisierung in der Produktion und damit weiter zu sinkenden Preisen, vermehrtem Wohlstand, mehr internationaler Arbeitsteilung und mehr Beschäftigung. Dies dürfte seinerseits Konsequenzen für die politischen Regimes in den einzelnen Ländern der Welt haben, insbesondere die herrschenden Eliten (und hatte es bisher auch). Es ist nicht klar, ob bspw. das Szenario der „Brasilianisierung" unter diesen Bedingungen plausibel ist.

Unter mittelfristigem Blickwinkel scheint vorerst eine Entwicklung im Sinne einer vorsichtigen Bewegung in Richtung des Balance-Szenarios am wahrscheinlichsten. Einerseits stehen katastrophische Entwicklungen noch nicht unmittelbar bevor, andererseits wird die Bedeutung einer stärkeren Einbeziehung ökologischer Gesichtspunkte in die Gestaltung des Verkehrs schon erkannt. Die in den langfristigen Szenarien unterstellten Veränderungen deuten sich, wenn überhaupt, erst an. Von dieser Perspektive ging das Referat von Herrn Dr. Bensel auf dem 9. Friedrich-List-Symposium aus.

### 5.7.2. Ausgewählte Strategien, Einschätzungen sowie Handlungsoptionen und -erfordernisse

**Strategien und Einschätzungen nach Bensel**

Die **weltwirtschaftliche Entwicklung** ist geprägt durch ein hochdynamisches Wachstum des Welthandels und der damit verbundenen Verkehrs- und Handelsströme. Betrug das Handelsvolumen zwischen den maßgeblichen Industrienationen im Jahr 1980 noch 2,4 Bill. US-$, war es im Jahr 2005 schon auf 13,5 Bill. angestiegen. Getragen wird diese Entwicklung von der internationalen Arbeitsteilung, mit einer immer stärkeren weltweiten Vernetzung von Produktions- und Lagerstandorten und den damit einhergehenden Transporten von Zwischen- und Endprodukten. Die Logistik spielt bei dieser Entwicklung sowohl die Rolle des Treibers als des Getriebenen. Sie ermöglicht das „Global Sourcing", muss aber ihrerseits auf die veränderten Kundenanforderungen immer neu reagieren. Es ist nicht zu erwarten, dass sich das Wachstum der Welthandelsströme in absehbarer Zeit verringern wird. Zwar gibt es auch gegenläufige Tendenzen, etwa das nordamerikanische Bestreben, wieder verstärkt Produktion im eigenen Land anzusiedeln, doch dürfte dies nur einen begrenzten wachstumshemmenden Effekt haben, da insbesondere das starke Wirtschaftswachstum in Asien (Indien, China) und Südamerika zunächst eine kompensierende Wirkung entfaltet. Auch die gegenwärtige Krise dürfte hier lediglich verlangsamen, nicht jedoch zu einer Trendumkehr führen. Transport und Logistik sind in diesem Umfeld wesentliche Standortfaktoren und Wachstumskräfte für die deutsche Wirtschaft.

Die wesentlichen **Trends und Herausforderungen für die Logistik-branche** liegen in vier Bereichen:[138]

- der Bereitstellung von umweltfreundlichen Logistiklösungen,

- dem Angebot von verkehrsträgerübergreifenden vernetzten Transport- und Logistikkonzepten,

- der Steuerung substantieller Teilbereiche von Logistikketten mit der Perspektive von globalen End-to-End Lösungen,

- der Beratung und dem Anstoßen von Innovationen.

Besondere Bedeutung kommt hier dem Umweltaspekt zu. Von 1990 bis 2007 sind die $CO_2$-Emissionen des Verkehrs um knapp 26 % gestiegen, in anderen Wirtschaftssektoren hingegen deutlich gefallen, so etwa in der Energiewirtschaft (-0,4 %), in der Abfallwirtschaft (-31,2 %) oder bei Produktion und Bau (-21,7 %). Umweltweltfreundliche (insbesondere $CO_2$-arme) Logistiklösungen werden deshalb in immer stärkerem Maße nachgefragt, bzw. von der Politik gefordert werden. Die wesentlichen Treiber dieser Entwicklung sind:

- die Endkundenmärkte, auf denen immer stärker $CO_2$-arme Transporte nachgefragt werden (so bieten etwa DHL oder DB Schenker heute schon $CO_2$-freie Transporte an),

- der stetige Preisanstieg auf den Rohstoff- und Energiemärkten,

- der Kapitalmarkt, der umweltgerechte Unternehmen bei der Finanzierung immer mehr bevorteilt, und

- die Politik, die mit verschärften Regulierungen und steigender Besteuerung in das Geschehen eingreifen wird.

Eng an das Umweltthema gekoppelt ist das Thema der intelligenten Vernetzung der Verkehrsträger. Es kommt hier vor allem darauf an, die Vernetzung in Richtung von klima- und umweltschonende Transporte zu beeinflussen, insbesondere durch eine stärkere Einbeziehung der Schiene. Hier zeigt sich, dass die Schiene in Europa überall dort Marktanteile im Güterverkehr gewinnen konnte, wo konsequent liberalisiert wurde. Der weiteren Förderung des Wettbewerbs auf der Schiene kommt deshalb hohe Bedeutung zu.

Probleme liegen jedoch nach wie vor in der mangelnden Verknüpfung mit den anderen Verkehrsträgern (Anbindung von Flughäfen, Hinterlandverkehre bei Seehäfen, Vernetzung mit dem Straßengüterverkehr) aber auch in der mangelnden Flexibilität der Bahn, auf wirtschaftliche Schwankungen zu reagieren. Dies hat sich beispielsweise in der letzten Wirtschaftskrise gezeigt, in der die Schiene vom allgemeinen Nachfragerückgang sehr viel stärker getroffen wurde als der Straßengüterverkehrs.

Ein weiterer Haupttrend der Logistik liegt in der zunehmenden Bedeutung der **Kontraktlogistik**, d.h. der immer engeren Verflechtung von Logistik und Produktion im Sinne einer Logistikpartnerschaft zwischen Transportdienstleister und produzierendem Unternehmen auf IT-Basis. Hier bieten sich für die deutsche Logistikwirtschaft erhebliche Chancen.

---

[138] Vgl. Trends in der Logistik nach KERSTEN (2010) in Abschnitt 3.3.2, S. 30

Unter dem Gesichtspunkt der gerade geschilderten Entwicklungen kommt der **verkehrswirtschaftlichen Forschung**, insbesondere der Forschung im Bereich der Logistik, zentrale wirtschaftliche Bedeutung zu. Dies wird an verschiedenen Stellen immer klarer erkannt und auch finanziell untersetzt. Zu nennen sind hier insbesondere der EffizienzCluster LogistikRuhr, ein Zusammenschluss von 120 Unternehmen und 11 Forschungseinrichtungen aus NRW zu einem Forschungskonsortium (Budget: 100 Mio. €). Andere bekannte Initiativen sind die Kühne-Stiftung, die gerade in Hamburg eine private Hochschule für Logistik aufbaut, die Gründung eines Zentrums für Logistik am Flughafen Frankfurt, oder die HIWL (Hochschule für Internationale Wirtschaft und Logistik) der Bundesvereinigung Logistik (BVL). Es stellt sich die Frage, ob nicht Sachsen und Berlin-Brandenburg, basierend auf dem bereits vorhandenen Know-How, versuchen sollten, ebenfalls einen Spitzencluster im Bereich Logistik aufzubauen.

### Ergänzende Einschätzungen

Das Koreferat stellte den **Zusammenhang von Logistik und internationaler Arbeitsteilung (Outsourcing)** in den Vordergrund. Auf der einen Seite gibt es die bekannten handelsfördernden Faktoren, wie die Senkung der Transport- und Handelskosten, oder die Möglichkeiten, nationale Regulierungsunterschiede oder differierende Faktorkosten auszunutzen. Auf der anderen Seite zeigen sich aber auch immer mehr handelshemmende Einflüsse, die bei Prognosen über die weitere Entwicklung der Logistikbranche zu berücksichtigen sind. Hierzu gehören die steigenden Kosten des Verkehrs (Arbeitskosten, Treibstoffe, Infrastrukturkosten, externe Kosten), aber auch andere ökonomische Einflussfaktoren, wie der zunehmende Ausgleich der internationalen Faktorpreise oder mangelndes institutionelles Kapital und unzureichendes Humankapital in den Niedrigkostenländern und den relevanten Absatzmärkten. Hinzukommen politische Instabilität, Terrorismus, Piraterie, Akzeptanzprobleme in der Bevölkerung und politisch gewollte Regulierungen (etwa im Umweltbereich). Alle genannten Problemkreise werden die Kosten des Verkehrs und damit das weitere Wachstum der Logistikbranche nennenswert beeinflussen und verlangen grundlegende Lösungskonzepte.

In den entwickelten Industrieländern erweist sich in zunehmendem Maße die **Verkehrsinfrastruktur bei allen Verkehrsträgern als Engpassfaktor**. Dies gilt sowohl für Erhaltung als auch Erweiterung. Rein logistische Lösungen werden zur Kompensation dieser Mängel möglicherweise nicht ausreichen. Die Logistikbranche wird nicht umhin können, sich über den engeren Bereich des Logistischen hinaus, zunehmend auch bei der Ausgestaltung rationaler Infrastrukturnutzungsgebühren (Mauten, Trassenpreise, Flughafengebühren) zu engagieren und diese in ihre Konzepte mit einzubringen. Es erhebt sich die Frage, welche Auswirkungen dies für die internationale Wettbewerbsfähigkeit des Logistikstandorts Deutschland haben wird und welche Maßnahmen (gegebenenfalls auf internationaler Ebene) zu ergreifen sind.

In der anschließenden Diskussion wurden folgende Aspekte ergänzt:

- **Arbeitsteilung zwischen den Verkehrsträgern in der logistischen Kette:** Zunächst wurde noch einmal zu Recht auf die herausragende Bedeutung der Seeschifffahrt für die Globalisierung hingewiesen. Ohne die dramatischen Transportkostensenkungen, die durch die Größenvorteile und Produktivitätsfortschritte (insbesondere durch die Containerisierung) in diesem Bereich erzielt worden sind, hätte die Globalisierung kaum das im Vortrag geschilderte Ausmaß angenommen. Es ist zu erwarten, dass diese starke Rolle der Seeschifffahrt bis auf absehbare Zeit erhalten bleiben wird. Die vielfach diskutierten Schienenverbindungen in den asiatischen Raum werden eher bestimmte Lufttransporte substituieren als die Seefracht. Allerdings sei zu betonen, dass es in den Logistikketten der Zukunft nicht um ein Gegeneinander der Verkehrsträger gehen könne, sondern vielmehr um ein geeignetes Mix. Schon heute würden Seetransport und Luftfracht in der Weise gemischt, dass bspw. Transporte zunächst per Schiff nach Dubai gehen, um dann von dort per Luftfracht an ihren endgültigen Bestimmungsort zu gelangen. Im Zusammenhang mit dem Schiffstransport kamen auch die Kapazitätsreserven der Küstenschifffahrt (Short Sea Shipping) zur Sprache, die weit mehr als bisher in die logistischen Prozesse, speziell in Europa, einbezogen werden könnten. Hier bestehe allerdings noch deutlicher Anpassungsbedarf beim Abbau von Regularien und der Entwicklung intelligenter Transportketten.

- **„Entschleunigung" logistischer Prozesse:** Es sei ökonomisch absurd, dass bspw. Seefracht nach Asien am Beginn der Transportkette zunächst mal 30 Tage unterwegs sei, dann womöglich aufgrund mangelnder Entladungskapazität in den Häfen noch weiter tagelang auf Reede liege, im Anschluss daran aber ein Landtransport in Stundenfristen verlangt werde. Nach allgemeiner Auffassung sei hier ein Umdenken seitens der verladenden Wirtschaft erforderlich, teilw. aber auch schon in Gang gekommen.

- **Logistische Bedeutung der Schiene:** Zu den klassischen Problemen des Verkehrsträgers Schiene zählen insbesondere die mangelnde Flexibilität, Defizite bei der Hinterlandanbindung von Häfen und Flughäfen, der Mangel an intelligenten Vor- und Nachlaufkonzepten und der Vorrang des Personenverkehrs. Die ökologischen Vorteile des Bahntransports schienen von den meisten Anwesenden bejaht zu werden, wurden von einigen Teilnehmern jedoch auch in Frage gestellt. So wurde bspw. diskutiert, inwieweit der Eurokombi über eine günstigere Energiebilanz pro transportierte Tonne den Rückstand des Stgv gegenüber der Bahn aufholen könne und somit integraler Bestandteil für „Green Logistics" werden könne. Fortschritte in der Motortechnik könnten ein Übriges tun. Dem wurde entgegengehalten, dass das Substitutionspotential des Eurokombis für Schienengüterverkehre begrenzt sei. Zum einen seien der Routenwahl des Eurokombis aufgrund seiner Abmessungen enge Grenzen gesetzt (z. B. Probleme beim Kreisverkehr), zum anderen sei unklar, ob diejenigen Relationen, in denen er fahren könne, tatsächlich die aufkommensstarken Relationen der Bahn seien. Diskutiert wurde in diesem Zusammenhang auch, ob ein fairer Wettbewerb mit der

Schiene nicht erfordere, ähnlicheVeränderungen der Maße und Gefäße auch bei der Eisenbahn zuzulassen.

▪ **Die Rolle der Einzelwagenverkehre im künftigen Schienengüterverkehrsmarkt:** Seitens der dominierenden Anbieter sei eine Konzentration auf Ganzzugverkehre beobachtbar. Marktzutritt neuer Wettbewerber sei vor allem in diesem Segment zu beobachten. Dies sei auch nicht verwunderlich, denn Ganzzugverkehre könnten auch von verhältnismäßig kleinen Unternehmen angeboten werden. Anders liege der Fall im Einzelwagenverkehr, wo unternehmerische Mindestgrößen erforderlich seien, um funktionierende weitmaschige Netze aufzubauen, bei denen insbesondere nicht mehr erforderlich sei, jeden Einzelwagen sofort zurückzufahren. Ziel müsse sein, ein internationales Einzelwagennetzwerk mit entsprechenden Hubs aufzubauen. Zwischen den Hubs würden Ganzzüge fahren und die Verteilung in der Fläche per Lkw erfolgen. Die (auch von der EU geförderte) Gründung von Xrail sei hier ein wichtiger Schritt in die richtige Richtung.

▪ **Entmischung von Güter- und Personenverkehren:** Für die Wettbewerbsposition der Schiene macht sich bekanntermaßen bei Transportweiten unterhalb von 300-400 km der Vorrang des Personenverkehrs äußerst nachteilig bemerkbar. Es werden deshalb schon seit langem (Stichwort Netz 21) Strategien der Entmischung diskutiert. Die Schweiz, wo eine Entmischung bereits weitgehend erfolgt ist, wurde diesbezüglich als Vorbild genannt. Aus dem Publikum kam jedoch die Frage, ob eine ähnliche Strategie nicht auch auf der Straße wünschenswert sei und von der Logistikwirtschaft stärker gefordert werden solle.

## Handlungsoptionen und Erfordernisse

Referat und Diskussion, sowie die im Referat von Prof. Dr. Dr. Radermacher angesprochenen Themen scheinen darauf hinzudeuten, dass Logistik und Güterverkehrspolitik zunehmend auch übergreifende Entwicklungen in ihre Strategien aufnehmen müssen. Die gilt einerseits für Szenarien nach Art der von Prof. Radermacher entwickelten. Zu jedem dieser Szenarien sollten detaillierte spiegelbildliche Ko-Szenarien über die zu erwartenden Handels- und Güterströme entwickelt werden. Dies ist aber nur der eine Teil der zu erledigenden Aufgabe. Von ebenso großer Bedeutung ist es, Vorstellungen darüber zu gewinnen, wie umgekehrt die Gestaltung der Güterströme ihrerseits diese Szenarien beeinflusst. Die Kausalität verläuft nicht nur von den Szenarien (gewissermaßen im Sinne exogen vorgegebener Rahmenbedingungen) zu den Güterströmen und zu den logistischen Dienstleistungen. Sie verläuft ebenso von den Fortschritten in der Logistik und der Transporttechnologie zu den gesellschaftlich-politischen Rahmenbedingungen.

Weitere offene Forschungsfragen beziehen sich auf die Internalisierung externer Effekte des Verkehrs und die **stärkere Nutzung des Preissystems zur Steuerung von Emissionen, Verkehrsträgerwahl und Nutzung der Infrastruktur.** Hierzu wird bereits intensiv geforscht, doch sind die Auswirkungen auf die zukünftigen nationalen und internationalen Güterströme und die entsprechenden logistischen Ketten zurzeit noch alles andere als klar.

Hinsichtlich der kurzfristig relevanten offenen Fragen ist auf die Diskussion zu verweisen. Im Vordergrund standen hier vor allem die Verkehrsträgerwahl (bzw. die Gestaltung einer möglichst effizienten und gesellschaftspolitisch akzeptablen Mischung) und die Förderung umweltfreundlicher Logistikketten, insbesondere durch eine Stärkung von Bahn und Küstenschifffahrt.

# 6. Zusammenfassung und Empfehlungen

Die in diesem Bericht vorgelegte Darstellung wesentlicher Entwicklungstrends, die für Mobilität und Verkehr von Bedeutung sind, zeigte, dass die weltweiten Erwartungen und die nationalen Veränderungen in Teilen entgegengesetzt verlaufen. Bedingt durch Bevölkerungswachstum und steigende Motorisierung in den Schwellenländern wird die Verkehrsleistung und auch der $CO_2$-Ausstoß des Sektors Verkehr weltweit stark zunehmen. Dabei bleibt offen, ob sich eine Anpassung der Mehrheit der heute wenigen reichen Menschen an das Niveau der Armen (*Brasilianisierung*) oder eine Annäherung der vielen Armen an das Niveau der Reichen (*Neue Balance*) oder beides parallel vollziehen wird.

In Deutschland sind klare Trends zu verzeichnen, die gegen eine weiterhin starke Zunahme des Personenverkehrs, insbesondere des Kfz-Verkehrs, sprechen. Vor allem Bevölkerungsrückgang und überproportionaler Anteil alter Menschen mit einer geringeren Wegehäufigkeit determinieren diese Entwicklung. Hinzu kommen Einflüsse aus steigenden Kosten, Umweltbewusstsein und Umweltpolitik sowie einer gewandelten Einstellung junger Menschen gegenüber dem Auto.

Mit deutlichen Schlussworten auf dem 9. Friedrich-List-Symposium am 12.11.2010 in Dresden wies Prof. Aberle (Universität Gießen) darauf hin, dass nach den vorliegenden Befunden der demographische Wandel mit einer heute noch „ungeahnten Brutalität" für die deutsche Wirtschaft, für Beschäftigung und damit auch mit gravierenden Änderungen für Mobilität und Verkehr verlaufen werde. Nicht nur die Bevölkerungsverluste werden zu Buche schlagen, vor allem verlassen bereits heute zu viele Leistungsträger das Land. Die qualitativen Folgen dieser negativen Wanderungsbilanz sind nach ABERLE ebenfalls eine Herausforderung und eine nicht zu unterschätzende Komponente des demographischen Wandels.

Er geht davon aus, dass wesentliche Teile Europas aus ökonomischer Sicht für die Weltwirtschaft zunehmend uninteressant werden. Ursache dafür ist die erfolgreiche Aufholjagd vieler Schwellenländer, allen voran China. Diese führt zu rationalen Reaktionen der heimischen Industrie: Produktionsstandorte und mit ihnen die Zulieferindustrie wandern ab und damit gehen industrielle Arbeitsplätze in nennenswertem Umfang verloren. In Konsequenz werden das Brutto-Inlandprodukt und die Transportintensität beeinflusst. Nach Ablerle werden wir „weniger Exporte und nur einen Teil der Importe haben".

Vor diesem Hintergrund kritisierte er die vom Bundesministerium für Verkehr, Bau und Stadtentwicklung noch immer genutzten und vorgetragenen Prognosen der deutschlandweiten Verkehrsverflechtungen 2025 als deutlich überhöht. Es wäre wenig seriös, wenn mit derartigen unrealistischen Erwartungen Infrastrukturmaßnahmen begründet würden. Klagen gegen die Bedarfsannahmen von Maßnahmen der Bundesverkehrswegeplanung mit gutem Erfolg würden vorprogrammiert, wenn hier keine Korrekturen vorgenommen werden.

Der systematische Vergleich aktueller Prognosen dieses Berichtes unterstreicht die Einschätzung ABERLES: Jüngere Prognosen, die die neue Situation nach der Weltwirtschaftskrise bereits berücksichtigen, kommen zu deutlich geringeren Werten.

Vor diesem Hintergrund erscheint eine Korrektur der Annahmen der für Prognosen, die für die nächste Bundesverkehrswegeplanung als Grundlage dienen sollen, dringend geboten.

Die Einschätzung und Konzepte von Kommunen und von Verkehrsträgern sind in vielen grundsätzlichen Punkten identisch. Auch wenn die zukünftigen Entwicklungen mit großen Unsicherheitsfaktoren behaftet sind, brauchen die Verkehrsträger und Verkehrsteilnehmer klare politische Ziele, Maßnahmen und eine Regulierungsstruktur, um die aufgezeigten Risiken zu entschärfen und eine nachhaltige Entwicklung in den Dimensionen ökonomisch, sozial und ökologisch zu erreichen. Dabei sind die bereits ansatzweise zu beobachtenden Verhaltensänderungen der Menschen in Deutschland zu fördern. Diese sind zwingend erforderlich, wenn die Minderungsziele für $CO_2$ und ein verantwortungsvoller Umgang mit den Ressourcen erreicht werden sollen. Dabei sind die Chancen, allein durch technologischen Fortschritt die angestrebten Ziele zu erreichen, äußerst gering.

Als Schwerpunktbereiche für politisches Handeln, Handeln von Wirtschaft und Unternehmen und für die damit verbundene Akzeptanz von Öffentlichkeit und Verkehrsteilnehmern bzgl. Mobilität und Verkehr wurden besonders herausgestellt:

- Klare Ziele und Strategien für Klima- und Umweltschutz im Verkehr verbindlich vorgeben.

- Planungssicherheit, klare und langfristig angelegte Organisations-, Regulierungs- und Finanzierungsstrukturen schaffen.

- Integrierte Siedlungsentwicklung und Reurbanisierung und dezentrale Konzentration fördern.

- Verkehrsinfrastrukturen langfristig erhalten – Übergangslösungen für Erhaltungsinvestitionen schaffen.

- Die Verkehrsfinanzierung unter stärkerer Einbeziehung der Nutzer und Nutznießer auf eine neue Basis stellen.

- Verstärkte Förderung multimodaler Verkehrslösungen – Anbindung von Flughäfen und Häfen, neue individualisierte Mobilitätsdienstleistungen möglichst in Kooperation mit dem ÖPNV.

- Innovationen breit definiert fördern – neben Technologien u. a. auch Verhalten und vernetzte Strukturen, die zu einer effektiveren multimodalen Nutzung des Verkehrssystems führen.

- Entschleunigung auf vielen Ebenen des Verkehrs – die älter werdende Bevölkerung stellt neue Anforderungen. Die Zuverlässigkeit und Gesamtreisezeit einer Transportkette wird wichtiger als Höchstgeschwindigkeiten auf einzelnen Wegeetappen.

# 7. Literaturverzeichnis

Acatech (2006): *Mobilität 2020. Perspektiven für den Verkehr von Morgen. Schwerpunkt: Strassen- und Schienenverkehr*. Frauenhofer IRB Verlag. Stuttgart

Ahrens, G.-A. (2010a): *Zur Zukunft des ÖPNV – Ergänzende Hinweise*. 9. Friedrich-List-Symposium, 11. und 12.11.2010. Dresden

Ahrens, G.-A. (2010b): *Effizienzpotentiale der individuellen Elektromobilität als natürliche Ergänzung des ÖPNV*. Vortrag auf der BBH-IKEM-Tagung „Individuelle E-Mobilität und ÖPNV-Partnerschaft für urbane Mobilität", Köln, 2. Dezember 2010

Ahrens, G.-A.; Aurich, T.; Böhmer, Th.; Klotzsch, J. (2010b): *Interdependenzen zwischen Fahrrad- und ÖPNV-Nutzung, Leitfaden zum Forschungsvorhaben im Rahmen der Untersuchung des nationalen Radverkehrplanes*. TU Dresden (Hrsg.)

Ahrens, G.-A.; Badrow, A.; Ließke, F. (2002): *Abgestimmte Designs für Verkehrsbefragungen*. Der Städtetag, Heft 11. Kohlhammer GmbH. Stuttgart

Ahrens, G.-A.; Hubrich, S.; Ließke, F. et al. (2010): *Zuwachs des städtischen Autoverkehrs gestoppt!? Aktuelle Ergebnisse der Haushaltsbefragung 'Mobilität in Städten - SrV 2008'*. In: Straßenverkehrstechnik, 12/2010.

Ahrens, G.-A.; Ließke, F.; Wittwer, R. (2010): *Chancen des Umweltverbundes in nachfrageschwachen städtischen Räumen*. In: Informationen zur Raumentwicklung (IzR), Heft 7.2010. BMVBS (Hrsg.). Berlin

Anders, N.; Drewitz, M. (2010): *Entwicklungsperspektiven für den Personenverkehr. ProgTrans legt langfristige Prognose für Europa und Übersee vor*. In: Der Nahverkehr, Heft 9/2010. Verband deutscher Verkehrsunternehmen (VDV) (Hrsg.). Düsseldorf

Badrow, A.; Ließke, F.; Follmer, R.; Kunert, U. (2002): *Die Krux der Vergleichbarkeit. Probleme und Lösungsansätze zur Kompatibilität von Verkehrserhebungen am Beispiel von 'Mobilität in Deutschland' und 'SrV'*. In: Der Nahverkehr, Heft 09. Alba-Verlag

Barthel, K.; Böhler-Baedeker, S.; Bormann, R. et al. (2010): *Zukunft der deutschen Automobilindustrie. Herausforderungen und Perspektiven für den Strukturwandel im Automobilsektor*. Friedrich-Ebert-Stiftung (Hrsg.). WISO-Diskurs. Berlin

Beckmann, K.-J. (2009): *Stadtverkehr als eigenständiges nationales Konzept oder als zentraler Handlungsbaustein der nationalen Verkehrs- und Stadtentwicklungspolitik*. Diskussionspapier vom 28.09.2009

Bensel, N. (2010): *Perspektiven Wirtschaft und Verkehr*. Vortrag auf dem 9. Friedrich-List-Symposium in Dresden am 11.12.2010. Verfügbar unter: www.friedrich-list-forum.de/

Bentenrieder, M.; Wandres, S. (2010): *Mobilitätsdienste im Jahr 2030*. Oliver Wyman Automotive (Hrsg.). In: automotivemanager, Ausgabe I/2010, S.27-28

Bertram, G.; Altrock, U. (2009): *Renaissance der Stadt. Durch eine veränderte Mobilität zu mehr Lebensqualität im städtischen Raum*. Wiso-Diskurs. Berlin

Blum, M. C.; Both, M.; Denziger, S. et al. (2007) : *Mobilität zukunftsfähig finanzieren. Nutzerbasierte Finanzierungsmodelle für Erhaltung und Ausbau der Straßeninfrastruktur in Deutschland*. Dornier Consulting GmbH, Schmid Traffic Service GmbH, Kapsch TrafficCom AG und Steltemeier & Rawe GmbH – Strategieberatung für Public Affairs (Hrsg.). Berlin, Düsseldorf, Wien

Bormann, R., Bracher, T. et al. (2010): *Neuordnung der Finanzierung des Öffentlichen Personennahverkehrs. Bündelung, Subsidarität und Anreize für ein zukunftsfähiges Angebot*. WISO Diskurs. Friedrich Ebert Stiftung, Bonn ISBN: 978-3-86872-550-6 Verfügbar unter: www.fes.de/wiso

Brenck, A.; Mitusch, K.; Winter, M. (2007): *Die externen Kosten des Verkehrs.* In: Handbuch der Verkehrspolitik. Knie, A. (Hrsg.). VS Verlag für Sozialwissenschaften. Wiesbaden

Bundesministerium für Umwelt, Naturschutz und Reaktorsicherheit (BMU) (2007): *Das Integrierte Energie- und Klimaprogramm der Bundesregierung*. Verfügbar unter: http://www.bmu.de (abgerufen am 17.01.2011)

Bundesministerium für Verkehr, Bau und Stadtentwicklung (BMVBS) (Hrsg.) (2010): *Ergebnisse der Überprüfung der Bedarfspläne für die Bundesschienenwege und die Bundesfernstraßen*. Berlin

Bundesministerium für Verkehr, Bau und Stadtentwicklung (BMVBS) (Hrsg.); DIW (2009): *Verkehr in Zahlen 2009/2010*. 38. Jahrgang

Deutsche Verkehrswissenschaftliche Gesellschaft e. V. (DVWG) (Hrsg.) (2011): *9. Friedrich-List-Symposium. Zukunft des Verkehrs – 60 Jahre Verkehrswissenschaften in Dres*den. Reihe B 340. Berlin

Dietrich, W. (2008): *Multimodale Mobilität. Schritte zur Förderung von mehr Flexibilität in der Verkehrsmittelwahl*. Tiefbauamt der Stadt Zürich (Hrsg.). Zürich

European Commission (2007): *Attitudes on issues related to TU Transport Policy*. Flash Eurobarometer 206b, July 2007

Eurostat (2009): *Data Explorer*, 2009. Verfügbar unter: http://nui.epp.eurostat.ec.europa.eu/nui/show.do?dataset=road_eqs_carhab&lang=de

FOCUS (Hrsg.) (2009): *Der Markt der Mobilität. Daten, Fakten, Trends*. Verfügbar unter: http://www.medialine.de/deutsch/ marktinformationen/marktanalysen/mobilitaet.html (abgerufen am 17.01.2011)

Forschungsförderung TUD, Technologiezentrum Dresden GmbH et al. (Hrsg.) (2010): *Mobilität und Verkehr – Konzepte für unsere Zukunft*. Dresdner Transferbrief, 2/10, 18. Jahrgang

Forum for the Future (2008): *Climate Futures. Responses to climate change in 2030*. Verfügbar unter: http://www.forumforthefuture.org/ (abgerufen am 04.02.2011)

Friedrich, K. (2008): *Binnenwanderung älterer Menschen. Chancen für Regionen im demographischen Wandel?* In: Informationen zur Raumentwicklung, Heft 3/4.2008. BMBVS (Hrsg.)

Gerber, P. (2010): *Perspektiven des Luftverkehrs im Spannungsfeld von Markt und Restriktionen.* Vortrag auf dem 9. Friedrich-List-Symposium in Dresden am 11.12.2010. Verfügbar unter: www.friedrich-list-forum.de/

Global Footprint Network (2010): *Ecological Footprint Atlas 2010*. Verfügbar unter: http://www.footprintnetwork.org (abgerufen am 04.02.2011)

Glockner, H.; Rodenhäuser, B. (2008): *Perspektiven. Zukunft der Mobilität*. Z_Punkt, FOCUS (Hrsg.). Verfügbar unter: http://www.z-punkt.de/fileadmin/be_user/D_Publikationen/D_Z_Perspektiven/Z_pe rspetiven_01_Arbeit.pdf (abgerufen am 17.01.2011)

Graf, H. G.; Klein, G. (2003): *In die Zukunft führen. Strategieentwicklung mit Szenarien*. Rüegger Verlag

Haase, R. (2010): *Die Dresdner Schule der deutschen Verkehrswissenschaften. Jubiläumsschrift zum 60. Gründungsjahr der ersten eigenständigen Verkehrswissenschaftlichen Fakultät in Dresden*. Technische Universität Dresden, Fakultät Verkehrswissenschaften „Friedrich-List"

Holz-Rau, C.; Scheiner, J. (2004): *Verkehrsplanung und Mobilität im Kontext der demografischen Entwicklung*. In: Straßenverkehrstechnik 48(7), S.341-348

Holz-Rau, C.; Scheiner, J.; Weber, A. (2010): *Entwicklung des Verkehrshandelns seit 1930. Vergleich dreier Generationen.* In Internationales Verkehrswesen.

Institut für Mobilitätsforschung (ifmo) (Hrsg.) (2010): *Zukunft der Mobilität. Szenarien für das Jahr 2030*. Zweite Fortschreibung. München

infas; DLR (2010): *Mobilität in Deutschland 2008. Ergebnisbericht*. Bonn, Berlin

ITP; BVU (2007): *Prognose der deutschlandweiten Verkehrsverflechtungen 2025*. München/Freiburg

Kapitza, S. P. (2006): *Global Population Blow-Up and After. Demographic Revolution and Information Society*. Report to the Club of Rome. Report to the Global Marshall Plan Initiative. CPI Books. Ulm

Kasper, B. (2007): *Mobilität älterer Menschen*. In: Bracher, T.; Holzapfel, H; Kiepe, F; Lembrock, M.; Reutter, U. (Hrsg.): Handbuch der kommunalen Verkehrsplanung, Kapitel 3.2.6.2. Heidelberg

Kersten, W. (2010): *Trends in der Logistik*. Wissenslandkarte erstellt im Rahmen des Forschungsinformationssystems (FIS) im Auftrag des Bundesministeriums für Verkehr, Bau und Stadtentwicklung (BMBVS)

Kommission der Europäischen Gemeinschaften (KOM) (2008): *Mitteilung der Kommission an das Europäische Parlament, den Rat, den Wissenschafts- und Sozialsausschuss und den Ausschuss der Regionen. Strategie zur Internalisierung externer Kosten.* Brüssel

Kommission der Europäischen Gemeinschaften (KOM) (2009): *Aktionsplan urbane Mobilität*

Körfgen, R. (2010): *2025 Perspektiven für die Deutsche Bahn.* Vortrag auf dem 9. Friedrich-List-Symposium in Dresden am 11.12.2010. Verfügbar unter: www.friedrich-list-forum.de/

Kossak, A. (2010): *ÖPNV-Finanzierung auf eine breitere Grundlage stellen.* Der Nahverkehr, 4/2010

Kruse, P. (2009): *Ein Kultobjekt wird abgewrackt.* In: GDI-Impuls, Nummer 1.2009. S. 12-19. Luzern

Lamparter, D. H. (2010): *Die Kiste muss verfügbar sein. Junge Städter verzichten zunehmend auf ein eigenes Auto – die Hersteller locken mit neuen Leihkonzepten.* In: Die Zeit, Nr.: 47

Leschus, L.; Stiller, S.; Vöpel, H. (2010): *Verkehrschaos oder Green Cities? Städte der Zukunft.* In: Internationales Verkehrswesen, Heft 62 6/2010

Mitusch, K; Liedtke, G. (2010): *Auswirkungen der Wirtschaftskrise auf den Verkehr.* In: Forschungsinformationssystem, ID: 335276, 06.12.2010. BMVBS (Hrsg.)

Möller, A. (2010): *Die Zukunft gehört dem ÖPNV! Thesen zur Mobilität im 21. Jahrhundert.* Vortrag auf dem 9. Friedrich-List-Symposium „Zukunft des Verkehrs – 60 Jahre Verkehrswissenschaften in Dresden", Dresden, 11./12. November 2010

Neyrinck, J. (2001): *Der göttliche Ingenieur. Die Evolution der Technik.* Expert-Verlag GmbH; Auflage: 3. A

Orosz, H. (2010): *Zukunft der Mobilität in der Europäischen Stadt.* Vortrag auf dem 9. Friedrich-List-Symposium in Dresden am 11.11.2010. Verfügbar unter: www.friedrich-list-forum.de/

Pälmann, W. (2009): *Verkehr finanziert Verkehr. 11 Thesen zur Nutzerfinanzierung der Verkehrsinfrastruktur.* Friedrich-Ebert-Stiftung (Hrsg.). Berlin

Pälmann, W.; Erdmenger, J.; Heene, H. et al. (2000): *Kommission Verkehrsinfrastrukturfinanzierung. Schlussbericht*

Progtrans; Zentrum für Europäische Wirtschaftsforschung gmbH (ZEW) (2010): *Transportmarktbarometer. Aktuelle Experteneinschätzung zur Entwicklung des Transportaufkommens und der Preise in den nächsten sechs Monaten.* Verfügbar unter: http://www.progtrans.com

Radermacher, F. J. (2010): *Die Zukunft unserer Welt. Navigieren in schwierigem Gelände.* Schlüter, A. (Hrsg.), Edition Stifterverband. Essen

Raskin, P.D.; Electris, C.; Rosen, R. A.: *The Century Ahead: Searching for Sustainability.* Verfügbar unter: http://www.mdpi.com/2071-1050/2/8/2626/pdf (abgerufen am 02.02.2011)

Reidenbach, M.; Bracher, T.; Grabow, B.; Schneider, S.; Seidel-Schulze, A. (2008): *Investitionsrückstand und Investitionsbedarf der Kommunen. Ausmaß, Ursachen, Folgen und Strategien.* Edition Difu – Stadt Forschung Praxis, Bd. 4. Deutsches Institut für Urbanistik (Hrsg.). Berlin

Ringat, K. (2010a): *Zukunftslinien des ÖPNV.* Vortrag im Verkehrs-planerischen und verkehrsökologischen Kolloquiums des Instituts für Verkehrsplanung und Straßenverkehr der TU Dresden am 20.10.2010. Verfügbar unter: http://tu-dresden.de/die_tu_dresden/ fakultaeten/vkw/ivs/oeko/ne ws/kolloquium)

Ringat, K. (2010b): *PBefG: Tragende Säulen des ÖPNV gleichmäßig belasten!* In: Bus & Bahn, Nr. 12/2010, S. 3

Rommerskirch, S. (2010): *Langfristige Entwicklung des Güterver-kehrs in Deutschland, Europa und der Welt – Konsequenzen für die Verkehrspolitik.* Unterlagen zum Referat anlässlich des 3. Neuss Düsseldorfer Hafentags. Neuss

Shell Deutschland Oil GmbH (Hrsg.) (2009): *shell Pkw-Szenarien bis 2030. Fakten Trends und Handlungsoptionen für nachhaltige Auto-Mobilität.* Hamburg

Shell Deutschland Oil GmbH (2010): *Klimawandel. großes Problem Klimawandel.* Interneteintrag zur Shell-Jugendstudie. Verfügbar un-ter: http://www.shell.de/home/content/deu/aboutshell/ our_commitment/shell_youth_study/2010/climate_change/ (abgeru-fen am 06.01.2010)

Shell Deutschland Oil GmbH; Deutsches Zentrum für Luftfahrt e.V. (DLR); Hamburgisches WeltWirtschaftsInstitut (HWWI) (2010): *Shell Lkw-Studie. Daten, Fakten, Trends im Straßengüterverkehr bis 2030.* Hamburg/Berlin

Statistisches Bundesamt (Hrsg.) (2009): *Bevölkerung Deutschlands bis 2060. 12. koordinierte Bevölkerungsvorausberechnung.* Wiesba-den

Statistisches Bundesamt (2011): *Güterverkehr 2010: Anstieg des Transportaufkommens um 3,1 %.* Pressemitteilung des Statisti-schen Bundesamtes Nr.034 vom 26.01.2011. Wiesbaden

Stern, N. (2006): *Stern Review: The Economics of Climate Change. Verfügbar* unter: http://webarchive.nationalarchives.gov.uk/+/http: //www.hm-treasury.gov.uk/stern_review_report.htm (abgerufen am 14.03.2011)

T-Factory Trendagentur (2010): *Jugend und Mobilität. Junge Deut-sche haben Fahrerlaubnis, fahren aber kaum Auto.* Interneteintrag vom 06.04.2010. Verfügbar unter: http://tfactory.com/0500news-10_04_06.html (abgerufen am 06.01.2011)

Tomforde, J. H. (2010): Mobility Innovations on the way to post-oil cities. Vortrag im Rahmen der Konferrenz „Our Common Future" in Hannover und Essen (2.-6. November 2010)

TRAMP – Traffic and Mobility Planning GmbH; Deutsches Institut für Urbanistik (Difu); Institut für Wirtschaftsforschung Halle (IWH)

(2006): *Szenarien der Mobilitätsentwicklung unter Berücksichtigung der Siedlungsstrukturen bis 2050*. Magdeburg

Umweltbundesamt (UBA) (Hrsg.): *Daten zum Verkehr*. Ausgabe 2009. Dessau-Rosslau, 2009

United Nations Conference on Trade and Development (UNCTAD) (2010): *UNCTAD Handbook of Statistics 2010*. Verfügbar unter: http://www.unctad.org (abgerufen am 04.02.2011)

United Nations Environment Department (Hrsg.) (2007): *Global Environment Outlook. GEO4*. Verfügbar unter: http://www.eoearth.org (abgerufen am 03.02.2011)

United Nations Department of Economic and Social Affiars/Population Division: *World Population to 2300*. Verfügbar unter: http://www.un.org (abgerufen am 04.02.2011)

VDV/VDB (Hrsg.) (2010): *Finanzierung des Öffentlichen Personennahverkehrs in Deutschland*. Gemeinsames Positionspapier. Verfügbar unter: http://www.vdv.de/medienservice/stellungnahmen__entry.html?nd_ref=5965

Walter, K. (2009): *Güter- und Personenverkehr in der Wirtschaftskrise*. In: STATmagazin, 07. Juli.2009. Statistisches Bundesamt (Hrsg.). Verfügbar unter: http://www.destatis.de (abgerufen am 10.02.2011)

Winkel, R. (2003): *Auswirkungen des Bevölkerungsrückganges auf die kommunalen Finanzen*. In: ARL Raumforschung, Heft 303. Räumliche Konsequenzen des demographischen Wandels. S.81-87. Hannover, 2003

Winterhoff, M.; Kahner, C.; Ulrich, C. et al. (2009): *Zukunft der Mobilität 2020. Die Automobilindustrie im Umbruch?* Arthur.D.Little (Hrsg.). Verfügbar unter www.adl.com/mobilitaet-2020 (abgerufen am 06.01.2011)

Wissenschaftlicher Beirat beim BMVBS (2010): S*icherheit zuerst – Möglichkeiten zur Erhöhung der Straßenverkehrssicherheit in Deutschland*

Wissenschaftlicher Beirat beim Bundesminister für Verkehr, Bau und Stadtentwicklung (2008): *Die Zukunft des ÖPNV – Reformbedarf bei Finanzierung und Leistungserstellung*. In: Zeitschrift für Verkehrswissenschaft, 79. Jahrgang, Verkehrsverlag Fischer 2008, Heft 2, S. 75 – 101

World Business Council for Sustainable Development; Oliver Wyman. (zitiert bei: Prof. Johann H. Tomforde: Mobility Innovations on the way to post-oil cities. Our Common Future, Conference of the Volkswagenstiftung and Stiftung Mercator, Hannover und Essen, 2.-6. November 2010)

Zumkeller, D. (2004): *Verkehrliche Wirkungen des demografischen Wandels – Erkenntnisse aus zehn Jahren Panel*. In: Straßenverkehrstechnik, Heft: 12.2004. Bonn, 2004

Zumkeller, D.; Chlond, B.; Kuhnimhof, T. et al. (2008): *Deutsches Mobilitätspanel (MOP). Wissenschaftliche Begleitung und erste Auswertungen*. Universität Karlsruhe (TH). Karlsruhe

# Anhänge zu Kap. 2
# (Originalbeiträge des Symposiums)

Anhang 1:
Programm des 9. Friedrich-List-Symposiums am 11. und
12.11.2010 in Dresden

## Donnerstag, 11.11.2010

11.30 Uhr  Eröffnung des Tagungsbüros und der Fachausstellung

12.30 Uhr  **Begrüßung**

*Prof. Dr. Christian **Lippold**,*
Dekan der Fakultät Verkehrswissenschaften "Friedrich
List", TU Dresden

*Prof. Dr. Dr. Hans **Müller-Steinhagen**,*
Rektor der TU Dresden

*Prof. Dr. Gerd-Axel **Ahrens***
Geschäftsführer des Friedrich-List-Forum Dresden e.V. -
Förder- und Freundeskreis der Fakultät
Verkehrswissenschaften "Friedrich List", Dresden

*MR. Dr. Gerhard **Schulz***
Bundesministerium für Verkehr, Bau und Stadtentwicklung, Berlin

13.00 Uhr  **Die Dresdner Schule der Verkehrswissenschaften - Er-
folgsmodell für Theorie und Praxis des Verkehrs**

*Dr. Ralf **Haase**,*
Friedrich-List-Forum Dresden e.V.- Förder- und Freun-
deskreis der Fakultät Verkehrswissenschaften "Friedrich
List", Dresden

14.00 Uhr  **Leben und Mobilität nach 2030**

*Prof. Dr. Dr. Franz-Josef **Radermacher**,*
Forschungsinstitut für anwendungsorientierte Wissens-
verarbeitung, Universität Ulm

Koreferat und Moderation *Prof. Dr. Bernhard **Schlag**,*
Verkehrspsychologie, TU Dresden

15.00 Uhr  **Kaffeepause**

15.30 Uhr  **Zukunft der Mobilität in der europäischen Stadt**

*Helma **Orosz**,*
Präsidentin des europäischen Städtenetzwerkes POLIS
und Oberbürgermeisterin der Landeshauptstadt Dresden

Koreferat und Moderation *Prof. Dr. Ulrike **Stopka**,*
Kommunikationswirtschaft, TU Dresden

16.30 Uhr **Automobile Zukünfte**

Wolfgang ***Müller-Pietralla***,
Leiter Zukunftsforschung und Trendtransfer, Volkswagen AG, Wolfsburg

Koreferat und Moderation *Prof. Dr. Bernard **Bäke**r*,
Fahrzeugmechatronik, TU Dresden

18.00 Uhr **Mitgliederversammlung Friedrich-List-Forum**

19.30 Uhr **Abendveranstaltung**

## Freitag, 12.11.2010

09.00 Uhr **Perspektiven des Luftverkehrs im Spannungsfeld von Markt und Restriktionen**

Peter ***Gerber***,
Lufthansa Cargo AG, Vorstand Finanzen und Personal, Frankurt/Main

Koreferat und Moderation *Prof. Hartmut **Fricke***,
Technologie und Logistik des Luftverkehrs, TU Dresden

10.00 Uhr **Perspektiven Wirtschaft und Verkehr**

Dr. Norbert ***Bensel***,
TransCare und Gründungsrektor der Hochschule für internationale Wirtschaft und Logistik, Wiesbaden

Koreferat und Moderation *Prof. Dr. Bernhard Wieland*,
Verkehrswirtschaft und Internationale Verkehrspolitik, TU Dresden

11.00 Uhr **Kaffeepause**

11.30 Uhr **Die Zukunft gehört dem ÖPNV! Thesen zur Mobilität im 21. Jahrhundert**

Alexander ***Möller***,
Leiter Markt und Verkehr, DB Stadtverkehr GmbH, Frankfurt/Main

Koreferat und Moderation *Prof. Dr. Gerd-Axel **Ahrens***,
Verkehrs- und Infrastrukturplanung, TU Dresden

12.30 Uhr **2025 - Perspektiven für die Deutsche Bahn**

Dr. Ralph ***Körfgen***,
Deutsche Bahn AG, Leiter Konzernentwicklung, Berlin

Koreferat und Moderation *Prof. Dr. Arnd **Stephan***,
Elektrische Bahnen, TU Dresden

13.30 Uhr  **Schlussbemerkungen**

*Prof. Dr. Dr. h.c. (em.) Gerd* **Aberle**,
Universität Gießen

14.00 Uhr  **Schluss der Veranstaltung**

15.00 Uhr  **"Tag der Fakultät"**
Fakultät Verkehrswissenschaften "Friedrich List", TU
Dresden, Festsaal der TU Dresden (Dülferstr. 1)

# Samstag, 13.11.2010

19.00 Uhr  **"Ball der Fakultät"**
Fakultät Verkehrswissenschaften "Friedrich List", TU
Dresden, Parkhotel am Weißen Hirsch

Anhang 2:

Prof Dr. Bernhard Schlag

Kurzfassung des Vortrages von Prof. Dr. Dr. Radermacher

„Leben und Mobilität nach 2030"

auf dem 9. Friedrich-List-Symposium am 11.11.2010 in Dresden

Herr Radermacher stellte in seinem Vortrag eine Problemanalyse voran. Auf der Erde leben heute 7 Milliarden Menschen - dies werden 2050 prospektiv 10 Milliarden sein. Das wird in Relation zu den Ressourcen, die verfügbar sind, mit hoher Wahrscheinlichkeit eine Überforderung der Ressourcenbasis zur Folge haben, möglicherweise auch bei Ausschöpfung aller technischen Möglichkeiten. Zudem wird die Fristigkeit immer kürzer, alle Prozesse beschleunigen sich immer mehr.

Dies ist immer ein ganz kritisches Moment und gefährdet die Zielsetzung einer Prozessbeherrschung. Wenn sich ein Prozess in schwer voraussehbarer Weise beschleunigt, dann wird das Problem dadurch potenziert.

Herr Radermacher hat mögliche Zukünfte umrissen, und zwar 3 Perspektiven: eine sehr negative, nämlich einen Kollaps der ökologischen Systeme, eine, die er als relativ wahrscheinlich dargestellt hat, nämlich eine Anpassung nach unten, reich wird überwiegend arm, die meisten der dann vielleicht 1 Milliarden Menschen in den OECD-Staaten passen sich den 9 Milliarden Menschen andernorts in dem Niveau ihrer Lebensführung an. Dies wurde als „Brasilianisierung" der Welt bezeichnet. Und schließlich eine mit Hoffnung versehene dritte Perspektive, nämlich eine Anpassung nach oben, eine Anpassung der zukünftig 9 Milliarden und mehr Menschen in Richtung des Niveaus der heute 1 Milliarde Menschen, die in den OECD-Staaten leben, eine balancierte Welt. Gewinne liegen für die Menschen in den entwickelten Ländern dann voraussichtlich vor allem in immateriellen Werten wie Zeit und Lebensstil, die immer wichtiger werden. Auf diesem Wege wäre möglicherweise auch eine Kompatibilität von Ökonomie und Nachhaltigkeit zu erreichen, nämlich in Form einer weltweiten ökosozialen Marktwirtschaft. Dazu wurde gesagt, dass ein wesentlicher Einstiegspunkt in eine solche balancierte Entwicklung Klimagerechtigkeit ist. Für Balance ist eine adäquate Global Governance notwendig, ein globales Ordnungssystem, das zwischen den Nationen der Welt vereinbart werden müsste.

Anhang 3:

Prof. Dr. Dr. Radermacher

„Leben und Mobilität nach 2030"

Mitschrift des Vortrages

auf dem 9. Friedrich-List-Symposium in Dresden am 11.11.2010

(Bearbeitung Prof. Dr. Bernhard Schlag)

## 2010: 7 Mrd. Menschen – 2050: 10 Mrd. Menschen

Blicken wir in die Zukunft, so ist heute nicht klar, wo sich die Dinge hin entwickeln werden. Wir befinden uns nahe an einem so genannten **tipping point**, die Kugel kann nach links und rechts fallen, die Zukunft der Menschheit kann so oder so sein. Ich werde die aus meiner Sicht wesentlichen drei Möglichkeiten beschreiben. Die Frage der **Zukunft der Logistik** oder die Frage der **Zukunft der Mobilität und des Verkehrs** stellen sich relativ zu diesen drei Möglichkeiten. In jeder dieser drei Möglichkeiten sieht das Bild dabei ganz anders aus. Und es ist nicht der Verkehr, der bestimmt, welche der drei Möglichkeiten eintreten wird, sondern die drei Möglichkeiten bestimmen, wie anschließend der Verkehr und das Mobilitätsverhalten aussehen werden. Das ist nicht anders in der Landwirtschaft und das ist auch nicht anders in der Informationstechnik.

Die Informationstechnik ist ein besonders wirkungsvoller Treiber der heutigen weltweiten Entwicklung, noch wichtiger als der Verkehr, der in seiner dynamischen Entwicklung wiederum entscheidend durch die Möglichkeiten der Informations- und Kommunikationstechnik mit ihrem extremen **Innovationspotential** geprägt ist. Aber auch die Informationstechnik wird nicht bestimmen, wie unsere Zukunft sein wird, sondern die Art der Zukunft, die sich in den großen weltweiten Entwicklungen einstellen wird, wird bestimmen, was wir mit der Informationstechnik machen werden - und man kann sie für sehr unterschiedliche Zwecke nutzen, bis hin zu einer Potenzierung der Alpträume in Orwells „1984".

Die Frage ist: wie kommt man zu einer Vorstellung über die verschiedenen Möglichkeiten der Zukunft? In der Tradition des **Club of Rome** ist der wahrscheinlich beste Anker der Analyse das Studium der **Größe der Weltbevölkerung**: Die Weltbevölkerung hatte im Jahr Christi Geburt zum ersten Mal die Größe von 200 Millionen erreicht, etwa 1825 zum ersten Mal die Größenordnung 1 Milliarde Menschen. 1965 waren es zum ersten Mal 3 Milliarden und im Jahr 2010 sind es zum ersten Mal 7 Milliarden Menschen. Besonders signifikant ist die Explosion der Weltbevölkerung in dem kurzen Zeitraum von 1965 bis 2010 - kürzer als die Fakultät Verkehrswissenschaften in Dresden existiert hat. Wir reden über einen ganz kurzen Zeitraum, in dem die Anzahl der Menschen von 3 auf 7 Milliarden gestiegen ist. Und für das Jahr 2050 - es gibt unterschiedliche Zahlen - rechne ich mit etwa 10 Milliarden Menschen.

Die für unsere Zukunft wichtigste Frage lautet: Wie kann man auf diesem Globus ein stabiles System der „Bedienung" der Erwartungen an Güter und Services für 10 Milliarden Menschen unter Bedingungen der Globalisierung, wie wir sie heute haben, organisieren? Geht das überhaupt?

Wenn man darüber nachdenkt, ob es überhaupt eine Chance für die Befriedigung heute schon existierender Erwartungen gibt, dann gilt es im Besonderen, sich mit der drohenden **Klimakatastrophe** zu beschäftigen und in Betrachtung zu ziehen, dass der ökologische Fußabdruck der Menschheit im Moment bei 1,4 Globus liegt. Dies umschließt die Klimathematik in Form des so genannten „Carbon Footprint". Wenn man die Klimafrage ausklammert, liegt der Fußabdruck der Menschzeit zurzeit bei 0,8 Globus. Jeder mag für sich entscheiden, ob er die Klimafrage zurzeit für ein Problem hält oder nicht. Selbst wenn man dieses Problem ausklammert, sind wir aber schon bei 0,8 Globus, auch dann haben wir nur noch wenig Reserve.

Wir müssen dabei einkalkulieren, dass im Moment neben einer Milliarde Menschen, die wohlhabend sind, 6 Milliarden leben, die das nicht sind, davon 3 Milliarden mit einem Einkommen unter 2 Dollar pro Tag. Wenn man in dieser Konstellation fragt, was denn potenziell für 10 Milliarden Menschen möglich ist und wenn man im Besonderen fragt, wie das mit der Wachstumsdynamik von Ländern wie Indien und China weitergeht, dann wird es eng. Denn die genannten Länder nutzen jetzt als Teil der Globalisierung und der offenen Weltökonomie ihre Möglichkeiten, als nachholende Länder für längere Zeit hohe Wachstumsraten zu erzeugen. Mindestens 3 Milliarden zusätzliche Menschen kommen dadurch mit Blick auf das Jahr 2050 mit ins Spiel als Teil eines potentiellen weltweiten Mittelstands, und werden einen hohen Ressourcenverbrauch haben, wenn sich ihre Wünsche erfüllen.

Wie kann man sich in dieser Situation eine vernünftige Zukunft und eine nachhaltige Entwicklung vorstellen, wenn wir jetzt bei einem Fußabdruck von 0,8 oder 1,4 Globus sind? Das das betrifft Fläche, Wasser, Nahrung, Energie, Klimagase. Ist ein zukunftssicherer Umgang mit den resultierenden Grenzen angesichts der Wachstumserwartungen überhaupt vorstellbar?

Herr Schlag sagte einleitend: Optimismus hilft und macht handlungsfähig. Ich bin auch ein, wenn auch vorsichtiger, Optimist und außerdem habe ich einen stabilen Glauben an die Marktwirtschaft und im Besonderen an die Innovationskraft von Ingenieuren und Naturwissenschaftlern im Kontext von Märkten.

Historisch betrachtet haben wir unglaubliche Faktoren der Leistungssteigerung realisieren können. Ein Ökonom oder Ingenieur würde sagen, dass der Schlüssel zu solchen Steigerungsraten die Kraft und die Fähigkeit unseres Gehirns und unserer Gesellschaft ist, fundamental Neues in die Welt zu bringen. Das Neue muss entwickelt und durchgesetzt werden. Und wenn wir das wirklich Neue richtig durchsetzen, dann haben wir potenziell die Chance, für 10 Milliarden Menschen eine wohlhabende, balancierte, reiche Struktur in Frieden mit der Umwelt und mit Langfristperspektive, also eine **nachhaltige Welt in Wohlstand,** zu kreieren.

Wenn man versucht abzuschätzen, wie realistisch das ist, dann sind als Orientierung die Überlegungen des russischen Physikers Sergei

Kapitza wichtig[139]. Er ist einer der ältesten Mitglieder des Club of Rome und er hat ein wichtiges Buch geschrieben „Global Population Blow-Up and After". Er analysiert dort, was heute anders ist als in den letzten 10.000 Jahren. Er analysiert, warum zukünftig nicht mehr geht, was immer ging und warum es vielleicht noch einmal geht, aber anschließend nie mehr. Nämlich, dass wir unsere Probleme durch einen unglaublichen Innovationsschub lösen.

Für Kapitza liegt der entscheidende Unterschied zu früheren Zeiten in der Fristigkeit erforderlicher Innovationsprozesse. Er definiert dazu die **Eigenzeit** des Systems Menschheit als die Zeit, die die Menschheit braucht, um 10 Milliarden neue Menschen auf die Erde zu bringen. Über die letzten 4 Millionen Jahre hat die Menschheit etwa 100 Milliarden Menschen auf die Erde gebracht, wobei für die ersten 10 Milliarden ungefähr 2,7 Millionen Jahre benötigt wurden, für die letzten 10 Milliarden waren es noch etwa 100 Jahre. Mathematisch folgt das in etwa einer geometrischen Reihe, bei der die Zeitverkürzung in jeder Runde den Faktor 3 hat. Würde man das heutige Tempo fortsetzen wollen, müsste man die nächsten 10 Milliarden Menschen in 30 Jahren auf die Erde bringen. Jeder hier im Raum weiß, dass das nicht geht.

## Werden technische Innovationen die Probleme lösen?

Es hat sich jetzt eine Situation ergeben, die anders ist als früher. Man kann fragen, was ist anders? Kapitza drückt es so aus: Der entscheidende Unterschied ist, dass wir die Innovationen jetzt nicht mehr in der Folge der Generationen auf die Erde bringen können, wie das historisch immer war. Man kann es auch so sagen: Der Mensch starb früher schnell genug. Wir hatten immer genügend Zeit, das Neue zu erfinden und in der Folge der Generationen, also nicht zu Lebzeiten der Erfinder, durchzusetzen. Der Mensch musste also nicht in seinem Leben das gänzliche Neue „verkraften", was schwierig ist. Ich erinnere daran, dass selbst Einstein die Quantentheorie nicht akzeptieren wollte. Bisher hatte die Menschheit also immer genügend Zeit, das jeweilig Nötige zu erfinden und umzusetzen. Jetzt ist die noch verfügbare Zeit so verkürzt, dass wir im Prinzip die Innovation während der Lebenszeit eines Menschen mehrfach durchziehen müssen, und das geht mit unserem Gehirn nicht. Das ist Kapitzas Sicht der Dinge – Grenzen in der **Plastizität des Gehirns**.

Ein Ökonom würde stattdessen sagen, dass wir ein Problem mit den **Abschreibungen** haben. Es ist nicht möglich, eine neue Energieinfrastruktur abzureißen, während sie gerade erst gebaut wird, um dann schon die nächste zu bauen. Der Club of Rome würde eine dritte Sicht wählen, dass wir nämlich ein Problem mit den **Ressourcen** haben.

Letztlich ist es egal, ob wir ein Problem der Ressourcen, der Abschreibung oder des Gehirns haben. Die Fristigkeit ist so kurz, dass

---

39 Kapitza, S. P.: Global Population Blow-Up and After. The Demographi Revolution and Information Society. Report to the Club of Rome / Report to the Global Marshall Plan Initiative. Global Marshall Plan Initiative, Hamburg, 2006

wir die Dynamik nicht mehr beherrschen können, weshalb sich die Wachstumsmuster, vor allem bezüglich der Anzahl der Menschen, ändern werden. Die Frage ist, was bei diesem Phasenübergang in den nächsten Jahrzehnten passiert.

Verbunden mit dieser Frage ist auch eine Frage nach der Rolle der **Effizienz** in unserem Tun. Viele glauben ja, dass wir im Wesentlichen ein Effizienzproblem haben. Wenn wir also mit Energieproblemen oder einem Klimaproblem konfrontiert sind, dann müssen wir (nur) die Effizienz um einen **Faktor 5 oder Faktor 10** steigern und dann sind die Probleme gelöst[140],[141].

Andere würden sagen, der **Markt löst alle Probleme**, lassen wir also den Markt machen. Unter Umständen gehen dann die Preise hoch, und wenn die Preise hoch genug gehen, dann regeln sich alle Probleme. Eine zentrale Frage ist daher, ob freie Märkte als sich selbst steuernde Prozesse wirklich alle Probleme lösen und welche Rolle in diesem Kontext technische Innovationen besitzen. Ist Technik in Verbindung mit freien Märkten die Lösung aller Probleme oder nicht?

An dieser Stelle ist eine entscheidende Beobachtung die **Janusköpfigkeit**, die Doppelseitigkeit des technischen Fortschritts. Das ist eine Betrachtung, die wir einem berühmten französischen Ingenieur verdanken, **Jacques Neirynck** und seinem Buch „Der göttliche Ingenieur"[142]. Fairerweise müsste das Buch „Der göttliche Ingenieur und der göttliche Naturwissenschaftler" heißen. **Jacques Neirynck** beschreibt in diesem Buch, wie der Ingenieur immer wieder unser Problem löst. In der Mitte des Buches wird dann aber folgendes deutlich. Obwohl der Ingenieur dauernd unser Problem löst, haben wir ständig ein Problem, und zwar ein immer größeres. **Jacques Neirynck** stößt auf einen Effekt, den er den **Bumerangeffekt** oder den **Rebound-Effekt** nennt. Der Bumerangeffekt besteht darin, dass in einem gewissen Sinne die Lösung das Problem ist, nach dem Motto: „Die Geister, die ich rief, die werd´ ich nicht mehr los". Oder auch im Sinne von: Wir siegen uns zu Tode.

Das heißt folgendes: Der technische Fortschritt bewirkt in der Regel eine massive Erhöhung der Ökoeffizienz oder der Ressourcenproduktivität. Das ist aber eine Maßeinheit, die sich auf eine Einheit Wertschöpfung bezieht. Historisch betrachtet ermöglicht aber derselbe technische Fortschritt eine so massive Ausdehnung der Anzahl der Wertschöpfungseinheiten, dass wir in der Summe immer mehr Ressourcen verbrauchen, obwohl wir pro Einheit immer besser werden. Man kann es auch so sagen: Die Menschheit verbraucht die meisten Ressourcen mit der ressourceneffizientesten Technik, die sie je hatte. Ein illustratives Beispiel dafür ist die Katastrophe, die sich gerade im Golf von Mexiko abspielt. Hätten wir nicht eine Technik erfunden, mit der wir am Meeresboden nach Öl bohren

---

[140] Schmidt-Bleek, F.: Das MIPS-Konzept, Weniger Naturverbrauch – mehr Lebensqualität durch Faktor 10, Droemer Knaur Verlag, München 1998

[141] von Weizsäcker, E., Hargroves, K., Smith, M. H., Desha, Ch., Stasinopoulos, P.: Factor Five. Transforming the Global Economy through 80% Improvements in Resource Productivity. A Report to the Club of Rome. Earthscan, UK and USA, 2009

[142] Neirynck, Jacques: Der göttliche Ingenieur. Die Evolution der Technik. expert-verlag Renningen, 1994

können, hätte sich die Frage nicht gestellt, ob wir am Meeresboden ein Problem bekommen.

Es ist wegen des Bumerangeffekts naiv zu glauben, der technische Fortschritt würde per se unsere Probleme lösen. Kapitza drückt es so aus: Wir sind immer zu viele, die zu viel wollen für das, was wir können. Dann kommt der Ingenieur und wir können wieder mehr, aber statt dass wir uns jetzt in Frieden mit der Natur und miteinander mit dem einrichten, was wir mehr können als früher, sind wir bald noch mehr Menschen, die noch mehr wollen und schon wieder nicht genug können. Das heißt, es ist naiv zu glauben, wir hätten nur ein technisches Problem.

Wenn man unter dieser Prämisse in die Zukunft schaut, dann ist folgendes klar: Einerseits ist eine Welt mit zukünftig 10 Milliarden Menschen, die in Frieden miteinander und mit der Umwelt auf hohem Wohlstandsniveau leben, auf keinen Fall möglich ohne massiven technischen Fortschritt. Und Vorstellungen, wie sie im Moment im Raum stehen, dass wir uns in Richtung einer **postindustriellen Null-Wachstumsgesellschaft** bewegen sollen, sind angesichts der Erfordernisse aufholender Entwicklung von Milliarden Menschen inadäquat für die Nöte auf diesem Globus. Wir brauchen deshalb weiter und massiv Innovationen. Und wir brauchen auch weiter Wachstum.

Aber fast noch wichtiger ist die **Einhegung der resultierenden Bumerangeffekte**. Dazu ist eine entsprechende **globale Governancestruktur** erforderlich, mit der wir dafür sorgen, dass der Wachstumsprozess innerhalb geeigneter **Leitplanken** stattfindet, die mit Nachhaltigkeit kompatibel sind. Das betrifft sowohl die ökologische Seite, also die Umwelt-, die Klima- und die Energieseite als auch die soziale Seite.

Eine vernünftige **Internalisierung** der externen Effekte, zum Beispiel beim Klima, ist genauso Voraussetzung von Zukunftsfähigkeit. Man kann es mit Welt-Hartz IV beschreiben. Wenn die Welt nicht in der Lage ist, für alle Menschen ein soziales Minimum an Kaufkraft zu garantieren, dann laufen sogar die Prozesse im Bereich der Nahrungsmittelproduktion in die falsche Richtung. Und wenn sich eine reiche Welt zukünftig die Tanks aus der Verwertung derjenigen Nahrung füllen sollte, die eigentlich die Ärmsten brauchen würden, um nicht zu verhungern, dann ist auch das nicht friedens- und damit auch nicht zukunftsfähig.

Unter diesen Aspekten sollte man die Zukunft sehen. Und das tun die Analysen, die wir seit ungefähr 15, 20 Jahren zu diesem Thema machen. Diese führen im Wesentlichen auf drei Möglichkeiten, wie die Zukunft aussehen kann. In allen drei Fällen kann man sich dann mit der Mobilitätsfrage beschäftigen.

### Drei Möglichkeiten zukünftiger Entwicklung

Die erste Möglichkeit, die unangenehmst vorstellbare Möglichkeit ist ein **Kollaps**, ein fundamentaler Kollaps der ökologischen Systeme. Das könnte z. B. eine zukünftige Folge der Klimakatastrophe sein, möglicherweise in Verbindung mit Ernährungsproblemen als

Folge des Abschmelzens der Gletscher im Himalaya. Oder alternativ nichtlineare Effekte einer Methanfreisetzung in den sibirischen Permafrostböden etc.

Was kann passieren? Das historische Beispiel ist der Kollaps auf der Osterinsel, wie ihn Jared Diamond[143] sehr eindrucksvoll beschreibt. 24.000 Menschen lebten demnach ganz gut auf dieser Insel. Ein wesentliches Element ihrer Logistik und Nahrungsbeschaffung waren Boote aus Holz. Die Menschen ernährten sich etwa zur Hälfte vom Fischfang. Am Ende falsch laufender Prozesse gab es auf der Insel keinen Baum mehr. Das hatte enorme Probleme für die Landwirtschaft zur Folge, aber auch der Fischgang auf dem Meer hörte irgendwann auf. Es gab ja kein Holz mehr für Boote. Auf einer Insel, auf der 24.000 Leute komfortabel leben konnten, konnten am Ende des Kollaps-Prozesses gerade noch 2.000 Leute leben, und das nur höchst unkomfortabel.

Der ökologische Kollaps in weltweiter Perspektive kann bedeuten, dass kurzfristig möglicherweise 2 Milliarden Menschen verhungern. Das wäre übrigens immer noch nicht das Ende der Menschheit, denn wenn die Menschheit sich bis dahin in Richtung 10 Milliarden bewegt und es dann kurzfristig 2 Milliarden weniger sein werden, dann sind das immer noch mehr Menschen als wir heute sind. Wir reden also nicht darüber, dass das Ende der Menschheit in Sicht ist. Wir reden vielmehr davon, dass die Menschheit durch einen grausamen Anpassungsprozess gehen könnte, der möglicherweise bis zu Bürgerkrieg und Terror führt und eine extreme Verschlechterung der Lebenssituation gegenüber heute zur Folge haben würde. Die Konsequenzen eines Kollaps für den Bereich Mobilität und Logistik eröffnen sicher keine interessante Zukunftsperspektive. Ich führe das nicht weiter aus, ich halte diesen Fall auch nicht für wahrscheinlich. Ich gebe diesem Fall 15 %.

Das heißt auch, dass ich mit hoher Wahrscheinlichkeit davon ausgehe, dass die Menschheit die Anpassung an die ökologischen Verhältnisse in einer Weise durchsetzen wird, dass es nicht zu einem Kollaps und damit zu einem Verhungern in Breite kommt. Die Frage ist natürlich, wie das im Einzelnen gehen kann. Wir reden also jetzt über 10 Milliarden Menschen, die nicht verhungern, in einer Struktur, die irgendwie mit der ökologischen Seite der Zukunftsfrage zurechtkommt. Man muss sich überlegen, wie das strukturell aussehen kann, wenn man heute schon bei einem ökologischen Fußabdruck jenseits von 1 ist und im Wesentlichen nur 1 Milliarden Menschen wohlhabend sind.

Dazu gibt es im Prinzip zwei Möglichkeiten. Globalisierung bedeutet, dass man im Sinne **kommunizierender Röhren** nicht mehr die Situation haben kann, dass es einen kleinen reichen Teil der Welt hier in den OECD Staaten gibt, in denen die ganze Bevölkerung relativ gut lebt, und eine Zweiklassengesellschaft im Rest der Welt. Wobei sich die Menschen in den OECD-Staaten an der Ressourcen-

---

[143] Diamond, J.: Kollaps. Warum Gesellschaften überleben oder untergehen. S. Fischer Verlag, Frankfurt am Main, 2005.

basis der anderen bedienen und mit den dortigen Eliten paktieren. Diese Struktur ist im Sinne kommunizierender Röhren unter Bedingungen der Globalisierung nicht aufrecht zu erhalten. Deshalb verbleiben im Wesentlichen 2 Arten der Anpassung.

Die eine Anpassung ist die folgende: Der heute reiche Teil der Welt wird an den Rest der Welt angepasst. Alternativ, es gelingt in Kooperation aller miteinander, den Rest der Welt an das Niveau der OECD-Staaten anzupassen. Letzteres im Besonderen auch, was die soziale Balance, also damit die Verteilung von Einkommen anbelangt. Welcher Weg ist schwierig, welcher einfacher.

Am einfachsten ist offenbar die **Anpassung der OECD-Staaten nach unten**. Denn das betrifft zunächst einmal nur 1 Milliarde Menschen und nicht 9 Milliarden. Anpassung nach unten heißt zugleich viel weniger Ressourcenverbrauch, was sofort die Ressourcensituation entspannt. Wenn 95 oder 98 % der Bevölkerung der OECD-Staaten zukünftig kein Fleisch mehr isst, kein Auto mehr fährt und nicht mehr heizt, sind alle Energieprobleme und alle Klimaprobleme gelöst. Und nebenbei werden so auch die Probleme der Renteneinkommen und der Krankenversicherung in der westlichen Welt durch frühes Sterben der meisten gleich mit gelöst – und die Verschuldung der Staaten lässt sich so auch leicht zurückbauen. Viele Leute fragen sich ja, wie wir denn zukünftig unsere Rente bezahlen sollen, wie wir denn zukünftig unsere Medizinsysteme bezahlen sollen. Das ist alles ganz einfach, wenn bei den 98 % kaum mehr etwas bezahlt wird. Die leben dann armselig und sterben früh.

Noch einmal: Es ist an dieser Stelle ganz wichtig zu verstehen, dass durch massive Verarmung des größten Teils unserer Bevölkerung sich praktisch alle Finanzprobleme und alle Rentenprobleme und alle Probleme von ungedeckten Schecks auf die Zukunft und sogar die Finanzierung der Schuldenlast der Staaten nach der Finanzkrise und zugleich die Energie- und Klimafragen relativ einfach lösen lassen. Der Prozess hat noch einen weiteren Vorteil. Durch Anpassung nach unten würde eine bestimmte Form der **zwischenstaatlichen, globalen Gerechtigkeit** implementiert. Diese würde insbesondere beinhalteten, dass die große Masse der Völker Indiens und Chinas niemals so wohlhabend werden muss, wie wir es heute sind. Denn das Modell, an dem man sich dort orientiert, ist ja unseres. Wenn zukünftig der Großteil der Bevölkerung bei uns, relativ betrachtet, genügend arm ist, müssen die meisten anderen rund um die Welt nicht reich werden,. Womit wir ressourcenmäßig insbesondere den gesamten Ressourcenverbrauch einsparen, den die 9 Milliarden Menschen auf dem Weg zum Wohlstand tätigen würden, wenn sie dahin wollten, wo wie heute sind.

Wir nennen dieses Szenario die „**Brasilianisierung**" der Welt. Der erste Schritt dahin ist die sogenannte **Prekarisierung**. Sie läuft bei uns bereits undist überall nachweisbar. Und sie wird durch die Finanzkrise massiv verschärft. Es spricht viel dafür, dass wir bei dieser Lösung enden werden, denn es ist relativ leicht, dahin zu kommen. Ich glaube zudem, dass es auch bei uns in der reichen Welt eine Elitestruktur gibt, die diese Lösung durchaus attraktiv findet.

Die Wirtschafts- und Finanzelite und ihr Umfeld, die heute sowieso weltweit organisiert ist. Die 2 % Menschen im Premiumbereich, von denen ich spreche, gibt es auch in China, in Indien, in Brasilien, die gibt es in Dubai und Katar, die gibt es überall, die sind heute **supranational** organisiert und finden das alles in Ordnung.

Man muss insofern nicht erwarten, dass es einen inhärenten Systemwiderstand im Premiumbereich gibt, der eine Brasilianisierung zum jetzigen Zeitpunkt abblocken würde. Im Besonderen, wenn Sie die zukünftige Entwicklung der Welt aus der Sicht der US-Eliten sehen, dann ist Brasilianisierung eigentlich die einzige zulässige Lösung, da sie mit der weiteren Dominanz der USA über den Globus kompatibel ist. Denn jede balanceartige Lösung, die in dem Sinne sozial ausgeglichen ist, dass der Lebensstandard der Menschen weltweit nicht zu sehr differiert, die also im Mittel eine Lebensstandardvariation um höchstens vielleicht den Faktor 2 oder 3 beinhaltet, muss aus rein mathematischen Gründen zur Folge haben, dass die größte wirtschaftliche Leistungsfähigkeit auf Staatenebene irgendwann in der Zukunft in Indien und China sein wird, nicht mehr im Westen.

Dies wiederum würde potentiell ökonomisch wie technisch zur Folge haben, dass am Ende des Prozesses das stärkste Militär in Indien und China sitzt. Was wiederum unvermeidbar zur Folge haben würde, dass die USA nicht mehr dem Rest der Welt diktieren können, was zu tun ist. Ein Prozess, der übrigens nach der Weltfinanzkrise ohnehin begonnen hat. Das wird übrigens am Ende auch zur Folge haben, dass die USA nicht über ihre Reservewährung Dollar den Rest des Globus finanziell zur Kasse bitten kann. Das bedeutet auch, dass die USA niemals mehr werden tun können, was sie taten, als sie den Goldstandard des Dollars einseitig von einem zum anderen Tag aufhoben. Das war in meinen Augen eine der **größten Enteignungsaktionen**, die es in der Geschichte der Menschheit je gegeben hat. Das ging bei den damaligen völlig asymmetrischen militärischen Machtverhältnissen. Das alles geht nicht mehr, wenn man auf einen balancierten Globus zusteuert. Darum glaube ich, dass es sehr starke Interessen gibt, die eher die „Brasilianisierung" der Welt wollen als die Balance.

Und deshalb ist meine Einschätzung, dass die Brasilianisierung der Welt die wahrscheinlichste Zukunft ist. Für diese kann man die Frage stellen, was Brasilianisierung für Verkehr und Logistik bedeuten würde. Für Logistik und Verkehr ist auch das keine attraktive Zukunft. Aber sie ist doch deutlich besser als Kollaps.

Was Sie alle aber natürlich am liebsten hören würden, ist eine schöne Zukunft für alle, etwas, wovon die meisten träumen. Wir nennen das die **balancierte Welt**. Das ist eine Welt, die einen hohen sozialen Ausgleich mit einem allgemein hohen Wohlstand und Frieden mit der Natur kombiniert, und das mit Blick auf das Jahr 2050, 2060 oder 2070. Die Frage ist, geht das? **Geht Markt bzw. Wohlstand mit Nachhaltigkeit zusammen?** Und wenn ja, wie? Und wenn es geht, was heißt das für Logistik und Verkehr?

## Eine neue Balance schaffen

Balance ist möglich. Voraussetzung ist die Umsetzung der unglaublichen Innovationspotenziale, die heute bestehen. Wenn wir das allerdings leisten wollen, dann müssen wir ordnungspolitische Bedingungen für Balance, z. B. zur „Einhegung" des Bumerangeffekts, schaffen. Dazu muss einerseits für alle Menschen ein soziales Minimum und Ausbildung organisiert und garantiert werden und alle müssen am Zuwachs partizipieren. Zugleich müssen die Knappheiten auf der Ressourcenseite und auf der Klimaseite vernünftig in das weltökonomische System internalisiert werden. Sehr wahrscheinlich geht das nur unter Bedingungen, die man heute als **Klimagerechtigkeit** bezeichnet. Das heißt, mindestens im Erstzugriff auf die Rechte einer Ressourcennutzung werden wir tendenziell eine Pro-Kopf-Orientierung umsetzen müssen[144]. Das hinzubekommen ist im Wesentlichen eine Frage der Global Governance[145].

In der Situation einer globalisierten Ökonomie muss dafür die Regulierungsstruktur entsprechend globalisiert sein. Im Moment ist die G20 die beste Annäherung an Entscheidungsstrukturen, die den Rahmen, den wir dazu brauchen, schaffen können. Wenn man alles richtig macht, kann man sich einen reichen Globus für 10 Milliarden Menschen vorstellen. Die Anzahl der Menschen wird in dieser Situation ab etwa 2050 abnehmen, wir schrumpfen uns dann gesund, wir werden auf Dauer deutlich weniger Menschen sein und das ist gut für uns und für den Globus. Die Lage ist insofern nicht hoffnungslos. Ganz in Gegenteil, aus meiner Sicht ist ein **doppelter Faktor 10** möglich, d. h. die Verzehnfachung der weltweiten Wertschöpfung in 70 Jahren bei gleichzeitiger Verzehnfachung der Ökoeffizienz. Wir könnten dann auf Basis der heutigen Ressourcennutzung den zehnfachen Wohlstand generieren und diesen deutlich fairer verteilen, als das heute der Fall ist[146,147].

Was würde das Bedeuten, wie muss man sich das vorstellen? Zehnfacher Wohlstand dematerialisiert heißt nach unseren Modellrechnungen, dass wir in den OECD-Ländern am Ende des Prozesses pro Kopf im Mittel viermal so reich sein werden wie heute, die heutigen armen Teile der Welt würden 30 Mal so reich sein. Im Süden leben dann aber etwa 50 % mehr Menschen. Das bedeutet pro Kopf einen Faktor-20-Sprung im Süden, während wir einen Faktor-4-Sprung im Norden machen. Das wäre eine Angleichung um den Faktor 5.

Wie muss man sich das vorstellen, dass wir im Bereich der OECD im Mittel viermal so reich sind wie heute, aber unter Bedingungen extremer Ressourcenbegrenzung? Für mich heißt das zum Beispiel in Bezug auf den Flugverkehr, dass wir sehr viel weniger fliegen werden, obwohl wir viermal so reich sind. Allerdings werden die Chinesen und Inder ähnlich viel fliegen wie wir und damit deutlich mehr als heute. Obwohl wir also weltweit zehnmal so reich sein

---

[144] Radermacher, F. J.: Weltklimapolitik nach Kopenhagen – Umsetzung der neuen Potentiale. FAW/n-Report, Ulm, 2010

[145] Siehe z.B.: http://de.wikipedia.org/wiki/Global_Governance
http://www.globalmarshallplan.org/index_ger.html

[146] Radermacher, F. J.: Die neue Zukunftsformel. bild der wissenschaft, Heft 4/2002, S. 78-86, 2002

[147] Radermacher, F. J.: Ver10fachung des Weltwohlstands plus Ver10fachung der Ökoeffizienz", pwc Sonderheft zum Thema „Nachhaltigkeit", April 2010, S. 10-13

werden wie heute, fliegen wir wahrscheinlich in den OECD-Staaten deutlich weniger als heute, nicht mehr. Das Fliegen wird deutlich teurer sein als heute.

Ich nehme übrigens an, dass es mit dem Essen von Steaks genauso sein wird. Wir werden weltweit deutlich mehr Steaks produzieren als heute, weil auch die Inder, Chinesen und Brasilianer sehr viele Steaks essen werden. Wir werden bei uns aber pro Kopf weniger Steaks essen. Diese Steaks werden vielleicht 16 Mal so viel kosten wie heute. Wir sind dann im Norden viermal so reich, werden aber viel weniger Steaks essen als heute.

Manche Menschen sagen nach solchen Beobachtungen frustriert zu mir: Herr Radermacher, das ist aber eine höchst frustrierende Form von Wohlstand „Ich bin viermal so reich, bekomme aber weniger Steaks und darf weniger fliegen". Die Frage ist dann, was bekomme ich für mein Geld, was ich heute nicht habe? Das ist vieles: z. B. mehr Wellness, mehr Coaching, mehr Zeit. Ich bekomme vieles von dem, was wir uns heute nicht (mehr) erlauben können, und das ist eben im Wesentlichen dematerialisiert.

Ist das eine gute Perspektive oder nicht? Es ist jedenfalls eine friedensfähige Perspektive, die auch eine **Wiederentdeckung der Langsamkeit** bringt, was dringend erforderlich ist, und eine vernünftige, mit Nachhaltigkeit kompatible Zukunft.

## Mobilität und Gütertransport in der Zukunft

Ich schließe mit Blick auf das Balance-Modell mit ein paar Bemerkungen ab. Was wird das denn alles für Mobilität unter den Bedingungen der Balance bedeuteten? Sie müssen sich vorstellen, dass wir dann 10 Milliarden Menschen sein werden. Die Menschen sind dann relativ alt, das heutige demographische Problem Europas wird zu einem globalen Phänomen, in China deutet sich das jetzt schon an. Unsere Transportpreise werden die Kostenwahrheit zeigen, weil energetische Knappheit und die Klimaproblematik in den Preisen **internalisiert** sein werden.

In der Summe werden wir weltweit deutlich mehr Verkehr haben als heute, aber unterproportional mehr Verkehr im Verhältnis zur dann bestehenden Gesamtweltwertschöpfung. Während wir also in jüngerer Zeit immer die Situation hatten, dass die Verkehrsaktivitäten schneller wuchsen als die Wirtschaftsleistung, werden wir zu einer unterproportionalen Wachstumssituation kommen. Insbesondere wird sich vieles von dem ökonomisch nicht mehr rechnen, was wir heute machen. Wir „düsen" heute nämlich **Güter niedrigster Wertschöpfung** durch die Gegend und nutzen marginale Preisdifferenzen, zum Beispiel in Produktionskosten, als Begründung dafür, Güter um die Welt zu transportieren. Obwohl sich das ökonomisch nur rechnet, weil wir weltweit unglaubliche Lohngefälle haben, weil Steuern in globalen Transaktionen nicht bezahlt werden, weil Sozialabgaben unterproportional anfallen und wir keine Rücksicht auf die Umwelt nehmen. Das wird im Balancefall aufhören. Die Menschen und die Staaten können das auf Dauer nicht akzeptieren, nicht einmal unter Bedingungen weltweiter Konkurrenz (Prisoner´s

Dilemma). Das heißt, dass Güter niedriger Wertschöpfung auf Dauer im Wesentlichen lokal erstellt und genutzt werden werden.

Ich nehme ein typisches Beispiel: Milch. Wir werden weder Milch noch vorgefertigte Brötchen über hunderte Kilometer durch die Gegend fahren, werden bei Gütern mittlerer Wertschöpfung noch eine gewisse Distanz haben, aber richtige große Distanz wird man - im Gegensatz zu heute - nur noch überwinden für Güter hoher Wertschöpfung, relativ zu ihrem Volumen und ihrem Gewicht.

Wir werden dann sicher nicht mehr für einen Capuccino mit dem Billigflieger nach Florenz „düsen" und wir werden auch ein Geschenk wie eine Weltreise nicht mehr in dem Umfang verschenken können wie heute. Ich nehme immer gern folgenden Vergleich: Heute schenkt der stolze Vater seiner Tochter zum Abitur eine Weltreise. Das kann er heute auch bezahlen. Was er vielleicht nicht bezahlen könnte, wäre ein Musical, das speziell für die Tochter komponiert wird.

Am Ende des **Doppelten Faktor 10** Prozesses kann der Vater ein Musical für die Tochter komponieren lassen, aber bei der Weltreise reicht es allenfalls noch bis Istanbul. So muss man sich das vorstellen. Anders ausgedrückt, das ist von den Logistik-und Verkehrsstrukturen her betrachtet durchaus eine interessante Zukunft, aber die Sinnhaftigkeit und Nachhaltigkeit wird mehr im Vordergrund stehen als heute. Man wird auf diesem Wege die Technologien, die wir haben bzw. neu entwickeln, vernünftig nutzen. Ich persönlich glaube, dass in diesem Prozess das Auto nicht flächendeckend zum Elektroauto mutieren wird, weil das gar nicht nötig sein wird. Ich glaube zugleich, dass wir ganz andere energetische Lösungen haben werden. Die Ersetzung von Öl, Kohle und Gas durch etwas anderes, z. B. **Supergeopower** (mehr Informationen: info@foppe-technologien.de), ist eine Perspektive.

Da das ökologische System, soweit wir wissen, 10 Milliarden Tonnen $CO_2$ pro Jahr wegpuffern kann, können wir uns durchaus in einem gewissen Umfang auch zukünftig $CO_2$-Emission erlauben. Ich glaube, dass dieser Prozess auch nicht einfach über uns rollen wird. Viele fürchten ja exorbitante Preissprünge durch **Peak Oil**. Wenn man aber das Klimaproblem löst, ist das Äquivalent dazu, dass man deutlich weniger Öl, Gas, Kohle aus der Erde holt als heute. Wenn man die fossilen Energieträger aber erst gar nicht in so großem Umfang herausholt, dann gibt es auch keine explodierenden Preise und es gibt auch keine unerträgliche Knappheit[148].

Das heißt, über Innovation können viele energetische Prozesse unabhängig von fossilen Energieträgern gelöst werden. Während wir viele Segmente der heutigen Wertschöpfungsprozesse mit anderen Energiequellen versorgen werden, können wir im Mobilitätssektor unter Umständen noch sehr viel auf fossiler Basis tun, als bleibende Alternativ zur Elektromobilität.

Das sind nun aber schon Nebenaspekte, die sich aus dem Gesagten ableiten. Ich will das hier nicht vertiefen. Wir haben eine große Ana-

---

[148] Radermacher, F. J.: Weltklimapolitik nach Kopenhagen – Umsetzung der neuen Potentiale. Report, FAW/n Ulm, 2010

lyse zur Klimasituation nach Kopenhagen durchgeführt. Wir sehen durchaus Ansatzpunkte für eine vernünftige Lösung. Wer interessiert ist, kann das nachlesen[149].

Die Schlüsselfrage lautet deshalb: Ist die Menschheit in der Lage, unter den sehr heterogenen Interessenbedingungen von 192 souveränen Staaten und im Besonderen bei den sehr verwickelten Machtinteressen von Eliten in den verschiedenen Teilen der Welt zu einer Governancestruktur zu finden, die **Ökonomie und Nachhaltigkeit** kompatibel macht[150]. Geht das überhaupt? Wenn uns das gelingt, dann haben wir kein Problem mit einer vernünftigen Zukunft der Menschheit, dann haben wir vielmehr eine sehr interessante Perspektive für Menschheit und für den Mobilitätssektor vor uns. Wenn wir das nicht hinbekommen, wird es ausgesprochen unangenehm werden und dann werden wir auch im Bereich der Mobilität für die meisten Menschen nicht mehr das haben, was wir heute so wertschätzen.

### Ergänzende Buchpublikationen des Autors

1. Radermacher, F.J.: Balance oder Zerstörung: Ökosoziale Marktwirtschaft als Schlüssel zu einer weltweiten nachhaltigen Entwicklung. Ökosoziales Forum Europa (ed.), Wien, 2002

2. Radermacher, F. J.: Die Zukunft unserer Welt – Navigieren in schwierigem Gelände, (Hrsg.) Stifterverband für die Deutsche Wissenschaft, 2010

3. Radermacher, F. J., Beyers, B.: Welt mit Zukunft – Überleben im 21. Jahrhundert, Murmann Verlag, Hamburg 2007

4. Radermacher, F. J., J. Riegler, H. Weiger: Ökosoziale Marktwirtschaft – Historie, Programm und Perspektive eines zukunftsfähigen globalen Wirtschaftssystems. oekom verlag, 2011

---

[149] Radermacher, F. J.: Weltklimapolitik nach Kopenhagen – Umsetzung der neuen Potentiale. Report, FAW/n Ulm, 2010
[150] Herlyn, E.L.A., F. J. Radermacher: Ökosoziale Marktwirtschaft – Ideen, Bezüge, Perspektiven. Report, FAW/n Ulm, 2010/2011

**Anhang 4:**

„Leben und Mobilität nach 2030"

Diskussion des Vortrages Prof. Dr. Dr. Radermacher

auf dem 9. Friedrich-List-Symposium am 11.11.2010 in Dresden

(Bearbeitung Prof. Dr. Bernhard Schlag)

**Frage 1:** Herr Rademacher, Sie haben eingangs gesagt, dass Sie optimistisch seien und dies damit begründet, dass Sie an das Leistungs- und Veränderungspotential der Marktwirtschaft glauben. Jetzt stellt sich die Marktwirtschaft über den Verlauf der letzten 10 Jahre für uns alle ganz unterschiedlich dar. Aber man hat schon das Gefühl, dass das, was vielleicht die Bundesrepublik in der Vergangenheit stark gemacht hat, nämlich der Unternehmer, der auf das Wohl seines Unternehmens und auf das Wohl der Gesellschaft geachtet hat, dass es den immer weniger gibt im Zeitalter der Globalisierung. Und Marktwirtschaft häufig durch Egoismen, egoistische Interessen von Großunternehmen bis hin zu dem, was unter dem Stichwort der „Heuschrecke" geprägt worden ist, bestimmt wird. Insofern möchte ich Sie fragen, woher nehmen Sie Ihren Optimismus, dass die Marktwirtschaft in der heutigen Form das regeln kann?

**Radermacher:** Vorab: Ich bin ein großer Freund von mittelständischen Unternehmen, die eigentümergeführt sind. Da gibt es immer noch den „ehrlichen Kaufmann". Viele glauben, dass die Verwerfungen der letzten Jahre etwas damit zu tun haben, dass sich bei großen Unternehmen massive Verschiebungen in Bezug auf das Prinzip des „ehrlichen Kaufmanns" ergeben haben. Ich glaube nicht, dass das die wesentliche Ursache der Probleme ist. Vielmehr hatten wir lange Zeit ökonomische Prozesse, die im Wesentlichen national organisiert waren und die national vernünftig reguliert werden konnten. Werden die ökonomischen Prozesse kontinental, dann müssen sie adäquat kontinental reguliert werden, und werden sie global, dann müssen sie global adäquat reguliert werden. Was nicht funktioniert, ist eine nationale Regulierung einer ihrem Charakter nach globalen Ökonomie.

Dieses Regulierungsdefizit hat zum Beispiel dem Finanzsektor die Möglichkeit gegeben, sich in seiner eigenen Wertschöpfung von dem Umweg über die Realökonomie zu lösen. Klassischerweise ist der Finanzsektor dienend und er ermöglicht über die Finanzierung von Innovationen der Realökonomie die spätere Partizipation an den durch diese Innovationen in der Realökonomie induzierten Mehrwerten und Wachstumsprozessen. Das ist das klassische Muster, das sie bis heute bei Sparkassen und Volksbanken finden. Das ist grundsolide, aber aus Sicht der „Macher" nicht „sexy". Richtig sexy ist es, wenn es dem Finanzsektor gelingt, Geld durch selbstreferenzielle Prozesse auf Geld zu erzeugen, völlig abgelöst von einer Realökonomie. Das ist möglich, wenn die globalen Prozesse nicht vernünftig reguliert sind.

Eines der wichtigsten Einfallstore zur Ausnutzung einer weitgehenden Nichtregulierung auf der globalen Ebene war und ist, dass dort die Transaktionsprozesse nicht besteuert werden im Unterschied zu realökonomischen Prozessen, die z. B. in der Regel Mehrwertsteuer zahlen. Die Mehrwertsteuer ist bei uns der Hebel, über den der Staat ein relativ präzises Bild des Geschehens bekommt; ich verweise hier auf die zeitnahen Meldepflichten im Kontext der Mehrwertsteuerabführung.

Die globalen Prozesse laufen auf privaten Transaktionssystemen, kein Mensch weiß, welche Volumina im Raum sind. Wir haben erst am Ende der Krisenabläufe ein präzises Bild der Volumina an Verbriefungen und der wechselseitigen Abhängigkeit erhalten und zwar dann, als kurz vor der Insolvenz wesentlicher Akteure, diese angesichts der Notwendigkeit staatliche Hilfe zu erhalten, sie die fraglichen Informationen auf den Tisch legen mussten. Deutlich wurde, dass Kreditausfallversicherungen (Credit Default Swaps) über 60.000 Milliarden Dollar – das ist ein ganzes Jahres-Welt-BIP - von wenigen Instituten garantiert worden waren. Hinterlegt hatten sie für diese „Versicherungen" nicht einmal 1 % von dem, was sie da angeblich versichert hatten.

Was heißt das? Man konnte in diesen Märkten dank Intransparenz aus Stroh Gold machen. Man konnte Stroh glänzen lassen wie Gold. Man konnte sich gegen dieses angebliche Gold als Sicherheit Geld drucken lassen. Man konnte mit dem Geld verschwinden und die daraus resultierenden Probleme bei der Allgemeinheit abladen.

Das alles ist nicht primär eine Frage der Ethik. Ich weiß nicht, wie ein jeder hier im Raum reagieren würde, wenn er sich an dieser „Bonanza" hätte beteiligen können. Der entscheidende Punkt ist nicht die menschliche Schwäche angesichts solcher Optionen – damit würde ich rechnen. Der entscheidende Punkt ist die ungenügende Regulierung der Prozesse. Ein Ordoliberaler würde als Voraussetzung einer funktionierenden Marktwirtschaft eine adäquate Regulierung fordern. In der von mir bevorzugten Terminologie zielt das auf das Erfordernis einer weltweit ökologisch-sozial regulierten Marktwirtschaft. Wir nennen das eine **weltweite Ökosoziale Marktwirtschaft**[151].

In einer „Ökosozialen Marktwirtschaft" stimmen die Verhältnisse, denn passt wieder die klassische ökonomische Theorie, dann funktionieren die wichtigsten ökonomischen Prinzipien.

Letzteres gilt übrigens auch für die „unsichtbare Hand" von Adam Smith. Die Erwartungen an die unsichtbare Hand sind nicht prinzipiell falsch – auch nicht nach der Krise. Falsch waren die Bedingungen, unter denen ökonomisches Tun erfolgte. Wenn im ökonomischen Prozess „Plünderung" honoriert wird und der „Plünderer" die höchste Rendite erhält, wenn alle Incentives auf „Plünderung" ausgelegt sind und vielleicht sogar auf Betrug, dann ist es nicht verwunderlich, dass die „unsichtbare Hand" in die falsche Richtung weist, und es ist auch nicht verwunderlich, was letztlich dabei herauskam.

Wir müssen also die Ordnungsbedingungen weltweit in Ordnung bringen, dann besteht durchaus Anlass zu Optimismus. Und nur für

---

[151] Vgl. Radermacher, F.J., Bert Beyers: Welt mit Zukunft – Überleben im 21. Jahrhundert. Murmann Verlag, Hamburg, 2007; sowie http://www.oekosozial.at

diesen Fall bin ich Optimist, sonst nicht. Und die Wahrscheinlichkeit, dass es so sein wird, sehe ich bei vielleicht 35 %.

**Schlag:** Also: Anreize sind falsch gesetzt, und wir wissen ja, dass menschliches Handeln abseits aller Ethik sehr stark durch Anreize mitbestimmt ist.

**Frage 2:** Prof. Radermacher, Sie haben bei der ersten Zukunftsmöglichkeit, wie Sie sie sehen, eine Prozentzahl von 15 % Eintrittswahrscheinlichkeit genannt. Bei der zweiten Zukunftsvariante, der „Brasilianisierung" der Welt hätte ich mir eine solche Zahl ebenfalls gewünscht, dann hätte ich die von Ihnen jetzt genannten 35 % für die Balance ausrechnen können. Jetzt zu meiner Frage: wo sehen Sie die tipping points zwischen den drei Zukünften? Wo sind die Dinge, die von Industrie oder Wissenschaftsseite her beeinflussbar sind, wie kann eine funktionierende Global Gouvernance freiwillig eingeführt werden? Wir sind hier in Dresden, wo eine Elite die Macht nicht ganz freiwillig, aber friedlich abgegeben hat. In Südafrika und Rhodesien ist das auch passiert, vor etwa 30 Jahren war das. Wo sehen Sie da die Weichen, die man stellen kann - gibt es diese auf weltweiter Ebene?

**Radermacher:** Vielen Dank für die interessanten Hinweise. Ich nenne zunächst noch einmal meinen Wahrscheinlichkeitsschätzung. Ich sehe 50 % für die Brasilianisierung und 35 % für eine Welt in Balance. Viele halten mich deshalb für einen großen Optimisten: 35 % ist viel mehr als nichts. Es geht dann um die tipping points. Ein entscheidender tipping point liegt im weltweiten Verhandlungsprozess in 2012. Und zwar nicht wegen des Maja-Kalenders. Sondern weil 2012 die Rio+20 Konferenz stattfindet, in 2012 das Kyotoprotokoll ausläuft und das Global Financial Stability Forum mit der G20 in 2012 die zukünftige Finanzarchitektur für die Welt fertig haben will.

Alle drei genannten Themen internationaler Abstimmungsprozesse sind eng miteinander verknüpft. In der Wechselwirkung dieser drei Themen wird meiner Ansicht nach sehr vieles für die Zukunft entschieden werden. Es sah auf dem Höhepunkt der Finanzkrise ganz gut aus, weil die G20 einigermaßen entschlossen operiert hat. Sie hat zum Beispiel das Thema der Steueroasen zum ersten Mal auf internationaler Ebene konsequent adressiert. Dass wir mittlerweile e n neues Deutsch-Schweizer Doppelbesteuerungsabkommen haben, ist eine Folge davon. Die G20 hat auch Transaktionssteuern auf alle Finanzprodukte diskutiert, wobei die Kontenüberweisungen von Normalbürgern dabei der unbedeutendste Teil sind.

Es geht also insbesondere um das, was man heute „toxische Papiere" nennt. Große Transaktionen, die erstens besteuert werden sollten und die zweitens dadurch transparent werden sollten.

Leider stocken alle diese Reformprozesse. Warum? Uns fehlt so etwas wie ein Moment der Entscheidung, wie er in einer Demokratie bei Wahlen besteht. Wir haben weltweit Wahlen zu völlig verschiedenen Zeiten. So ringt jetzt Präsident Obama mit seinen Problemen zu seinem Wahltermin und Frau Merkel hat ihre Probleme in Nordrhein-Westfalen. In solch verstreuten Prozessen gibt es keine synchronisierte Entscheidung für etwas Neues. Unsere einzige

Chance war die Krise, die für alle gleichzeitig die Krise war. Und weil die Krise so bedrohlich war, dass sie mit möglicher Insolvenz und Systemkollaps zu kämpfen hatten, gab es eine zeitkritische Synchronisation gleichlaufender Prozesse in praktisch allen großen Ländern, weshalb wir plötzlich so etwas hatten wie ein gemeinsames Problem, das wir gemeinsam lösen müssen.

Jetzt, nachdem das Schlimmste abgewendet ist, differenzieren sich die Probleme wieder. Jeder Staat hat sein spezifisches eigenes Problem. Damit ist wieder jeder Staat in seinem eigenen Wahlkampf und damit scheitert die Synchronisierung.

Das heißt folgendes: Wenn wir darüber reden, ob wir eine Chance für eine funktionierende Global Governance haben, dann spielen dafür günstige Bedingungen, z. B. Krisen (nicht zu klein / nicht zu groß) eine Rolle und wer darauf wirklich Einfluss hat? Im Kern können wir uns nur gedanklich gut auf eventuelle Krisen vorbereiten. Dann brauchen wir gute Konzepte in der „Schublade". Einfluss darauf hat tatsächlich auch die Wissenschaft, Einfluss hat die Disziplin der Ökonomie.

Die Schwierigkeit ist aber, dass es eine eingespielte Logik gibt, gemäß der die Märkte es schon richten werden. Dabei wird nicht thematisiert, dass Märkte Regulierungsvoraussetzungen brauchen, um zielführend zu wirken, und dass diese Regulierungsvoraussetzungen heute nicht ausreichend bestehen. Und dass im Kontext dieser Nichtregulierung die klassischen ökonomischen Mechanismen eher das Problem sind, als die Lösung.

Was ich mir deshalb als Folge der Weltfinanzkrise erhoffe, ist insbesondere eine starke Bewegung der Wissenschaft und darunter im Besonderen eine starke Bewegung der Ökonomen, die die ordoliberalen Voraussetzungen für funktionierende Märkte thematisieren und einfordern und das global.

Wir haben dazu jetzt einen Prozess gestartet, an dem auch der Club of Rome beteiligt ist, nämlich Hochschultage "Ökosoziale Marktwirtschaft und Nachhaltigkeit"[152]. Es gibt davon in diesem Jahr vier. Und es spricht für die Technische Universität von Dresden, dass einer der vier Termine hier in Dresden noch in diesem Jahr stattfinden wird.

Das kann aber nur eine Komponente sein. Wir brauchen im Grunde genommen eine flächendeckende Bewegung, letztlich über Europa hinaus. Die muss im Besonderen die Ökonomie als Disziplin konsequent einfordern und in ihrem Curricula vermitteln, dass die Regulierung stimmen muss. Und sie muss auch deutlich machen, dass dann, wenn die Regulierung nicht stimmt, die klassischen Marktmechanismen uns eher gegen die Wand lenken als in Richtung auf einen balancierten reichen Globus für 10 Milliarden Menschen.

**Frage 3:** Ich hab bei Ihrem balancierten Szenario ganz besonders intensiv zugehört, weil es eigentlich mein Wunschszenario ist und si-

---

[152] Vgl. www.hochschultage.org

cher auch das vieler anderer Menschen hier im Raum. Ich habe aber auch gemerkt, dass ich den Zugang als sehr intellektuell empfinde. Alles war richtig dargestellt. Aber die Darstellungen setzen viel voraus für die Gesellschaft. Z. B. ein hoch rationales Handeln, und dies im Kontext einer oft hoch aufgeladenen Emotionalität und der Erfordernis, die eigenen persönlichen Erwartungen gegenüber den Erfordernissen der Gesamtheit etwas hinten anzustellen. Eine Stellgröße, die Sie beschrieben haben, waren die internalisierten Kosten. Haben Sie eine Meinung oder einen Vorschlag, wie weit wir im Bereich Verkehr und Mobilität die Monetarisierung der externen Kosten angehen sollten oder können. Wie weit sollten wir da die Diskussion im wissenschaftlichen Rahmen vorantreiben?

**Radermacher:** Das Thema ist vielschichtig und hat auch eine psychologische Dimension. Vielleicht könnten Sie, Herr Schlag, etwas zur psychologischen Seite sagen bevor ich auf die Fragen der Internalisierung eingehe.

**Schlag:** Die Internalisierungsseite argumentiert tatsächlich ebenfalls psychologisch. Die Internalisierung von Kosten, die heute durch die Allgemeinheit external getragen werden, ist meines Erachtens eine zentrale Voraussetzung dafür, dass Menschen rationaler entscheiden. Wenn ein Teil der Folgekosten des eigenen Verhaltens, seien das Umweltkosten, seien das aber auch Kosten der Verkehrssicherheit, Stau- oder Gesundheitskosten, externalisiert bleiben, dann werden Menschen nicht dazu angehalten, sich Rechenschaft darüber abzulegen, welche Konsequenzen ihr Verhalten in diesen Dimensionen hat. Alles, was wir tun, um die verursachten Konsequenzen möglichst unmittelbar an das Verhalten anzukoppeln, dazu gehört die Internalisierung externer Kosten, alles was wir dazu tun, wird dazu beitragen, dass die Menschen rationaler überlegen und möglicherweise dann zu besseren Entscheidungen kommen.

Das muss nicht immer die individuell am meisten gewünschte Entscheidung sein, manchmal ist die Bauchentscheidung, die sehr emotional getroffen wird, für Menschen als Einzelpersonen sehr wichtig, aber für Gesellschaften, für Unternehmen ist es höchst notwendig, dass das möglichst rational abläuft. Und dazu müssen alle Kosten, die das eigene Verhalten verursacht, sei es durch eine Organisation oder sei es durch ein Einzelwesen, zumindest transparent gemacht und an dieses Verhalten angekoppelt werden.

Das ist für mich tatsächlich ein ganz zentraler Punkt, und dort, wo das auch nur in kleinem Maße stattfindet, beispielsweise bei der Citymaut in Stockholm, in London oder in anderen Städten haben wir ja gesehen, dass damit auch erhebliche Auswirkungen auf das Verkehrsverhalten eingeleitet werden können. Dort gab es um 20 % weniger Einfahrten in die bemautete Innenstadt.

Das ist ein erheblicher Rückgang, der jeden Stau zumindest für bis zu 23 Stunden am Tag verhindern hilft. Eben weil die Leute anfangen, rationaler zu überlegen: Wann benutze ich das Auto oder wann verhalte ich mich besser anders? Nimmt man die Konsequenzen des eigenen Verhaltens deutlicher wahr, dann stellt man sich auch besser darauf ein. Wenn Sie so wollen, gibt es auch eine Kehrseite davon. Herr Radermacher sprach an, dass er nicht glaubt, dass mit der Elektromobilität, also einer wiederum technischen Lösung, die Verkehrsprobleme in diesen Bereichen zureichend zu lösen sind. Ich würde ihm vollständig folgen, Elektromobilität ist im Grunde wieder ein Deus ex machina.

Wir lieben ja den technischen Fortschritt in dem Moment besonders, wo er uns die Möglichkeit bietet, unser Verhalten nicht ändern zu müssen. Das ist das Schöne an vielerlei technischem Fortschritt, dass wir gleich bleiben können. Elektromobilität verspricht uns das. Das wird ein Baustein in einer Zukunft der Mobilität sein, sicherlich. Aber es ist nicht die Lösung schlechthin. Daran sollten wir nicht glauben. Insofern geht mein Gedanke in die Richtung, dass man solche psychoökonomischen Lösungen in der Zukunft viel stärker beachten muss, technische Lösungen werden eine Rolle spielen, aber sie sind nicht allein tragfähig.

**Radermacher:** Vielen Dank, das geht sehr in Richtung meiner Sicht auf das Thema. Ich möchte noch folgendes ergänzen und dabei einen Finger auf eine „Wunde" legen, die in der Diskussion oft vergessen wird. Stellen Sie sich vor, wir machen die Energie richtig teuer. Weil wir die genutzte Menge reduzieren wollen, vielleicht, um so einen Beitrag zur Lösung des Klimaproblems zu leisten. Wenn man diese aus ökologischer Sicht wünschenswerte Maßnahme nicht mit einer sozialen Ausgleichsmaßnahme koppelt, dann kommt man zu einer einfachen aber hässlichen Lösung unserer Probleme. Wir nennen das die **ökodiktatorische Lösung.** Bei dieser wird das ökologische Ziel zu Lasten der sozialen Balance durchgesetzt. Das heißt, wer über richtig viel Geld verfügt, dem ist der Preis egal. Zum Schluss „saugt" der alle noch verfügbare Energie zu sich. Das ist das, was die reiche Welt heute weltweit auf den Nahrungsmittelmärkten tut. Die reiche Milliarde Menschen „saugt" sich den größten Teil der Nahrungsressourcen in ihren Bereich, steckt die Hälfte davon in Rinder und beginnt jetzt damit, einen Teil davon in den Tank zu tun.

Das können wir alles machen, das merken wir kaum, weil das alles mit wenigen Prozent unseres Gesamteinkommens bezahlt werden kann. Leittragende sind die, die pro Tag nur 25 Ct. zur Verfügung haben, u. U. mit der Folge, dass diese Menschen verhungern. Gemäß **ökosozialer Philosophie** muss die Internalisierung von Knappheit von Ressourcen deshalb immer gekoppelt werden mit einem **sozialen Ausgleich,** der bewirkt, dass selbst die sozial Schwächsten auch unter den Bedingungen extrem erhöhter Knappheitspreise für bestimmte Ressourcen immer noch einen gewissen Anteil von diesen Ressourcen erhalten.

Das ist übrigens auch der tiefere Grund dafür, warum es richtig ist, dass unsere Gesellschaft als Beitrag zum Klimaschutz ständig auch die Standards bei technischen Geräten wie Lampen, Automobilen oder Brennern verschärft und nicht alles auf die Internalisierung externer Kosten verschiebt. Wenn man nämlich den Standard bei Lampen, Automobilen und Brennern verbessert, zwingt man auch den Reichen, sich über diese Standards bei relativen Einsparungen zu beteiligen, obwohl er das eigentlich gar nicht müsste, weil sein Einkommen so groß ist, dass er nicht einmal den Unterschied merkt zwischen dem einen und dem anderen Fall. Wir zwingen über Standards jeden, sich am Energiesparen zu beteiligen, weil nämlich sonst derjenige, der die Lasten alleine tragen muss, der Ärmste ist. Weil der Ärmste das aus nachvollziehbaren Gründen nicht akzeptieren wird, führt das zu gesellschaftlicher Auseinandersetzung, wenn wir versuchen, die Umwelt ausschließlich über die Internalisierung externer Kosten retten zu wollen.

Wenn wir andererseits auf den Schutz der Ressourcenbasis verzichten, damit der Ärmste nicht protestiert, dann kollabiert irgendwann das Ökosystem. Das heißt, die wirkliche Herausforderung der Nachhaltigkeit besteht darin, gleichzeitig das ökologische und das soziale Thema zu adressieren. Das ist eine doppelte Regulierungsaufgabe, und wenn Sie beides tun, und das verstehe ich unter adäquater Internalisierung und Regulierung, dann löst das die uns bedrohenden Probleme. Und natürlich führt genau diese Forderung auf eine ökologisch-sozial regulierte Marktwirtschaft, also eine **weltweite Ökosoziale Marktwirtschaft**[153].

**Frage 4:** Ich habe das alles mit sehr viel Interesse gehört. Ich bin aber etwas pessimistisch bzw. habe Schwierigkeiten, mir vorzustellen, wie wir zu der erforderlichen Global Governance kommen sollen. Wenn wir jetzt sehen, was aktuell in den USA passiert, dann wird doch klar, wie schwierig die Lage ist. Wir haben dort seit fast zwei Jahren das erste Mal einen Präsidenten, den man auch in Europa hätte wählen können, und jetzt sehen wir, wie die breite Masse auf seine Aktivitäten reagiert. Das geht ja sogar so weit, dass man, so lese ich das zumindest, in den USA im Moment nicht sagen sollte, dass man Wissenschaftler ist –zumindest nicht in Fernsehdiskussionen. Insofern bin ich auch skeptisch, ob die Wissenschaft mit ihren Überlegungen im Rahmen der Fristigkeiten eine Chance hat. Um es auf den Punkt zu bringen: Deshalb meine Frage: Haben Sie eine gute Idee, wie man zu einer funktionierenden Global Governance kommen könnte vor dem Hintergrund, dass die, die am meisten abgeben müssten, die stärkste Militärmaschinerie haben?

**Radermacher:** Ihre Einschätzung der Lage ist so ähnlich wie meine. Ich bin nicht der große Optimist und Sie sind es auch nicht. Keiner von uns hält eine gute Zukunft für die Menschheit für einen Selbstläufer. Darum gebe ich dem balancierten Weg ja auch nur 35 %. Wenn man die Frage stellt, wie man die erforderliche Global Governance vertragstechnisch realisieren könnte, dann ist das Ganze nicht so kompliziert wie es scheint. Und interessanterweise ist Frau Merkel bereits mehrfach international für die sich bietende Lösung eingetreten, zum Beispiel zweimal auf den Weltwirtschaftsforen in Davos. Es ist nämlich so, dass wir global drei große Bereiche von Regulierung spezifisch schon realisiert haben. Wir haben einerseits die Handels- und Wirtschaftsseite mit den intellektuellen Eigentumsrechten in der WTO verortet. Richtig gedeutet ist die WTO eine Art Parallel-UNO für die Wirtschaftsfragen. Dann haben wir die Finanzfragen beim Internationalen Währungsfond, der Weltbank, der Baseler Bank für Zahlungsausgleich, beim Pariser Club etc. re-

---

[153] Vgl. RADERMACHER (2010)

guliert – das ist eine zweite parallele UN. Und dann gibt es noch die richtige UN, die in Durchsetzungsfragen sehr schwach ist und die für die ethisch wichtigen Dinge auf dem Globus zuständig ist. Dort sind Menschenrechtsstandards und die Sozialstandards der ILO verankert und die Umweltstandards, z. B. der Kyotovertrag.

Die UN-Positionen, wie z. B. die Millenniumsentwicklungsziele bei der UN finden breite Unterstützung. Das Problem ist aber, dass die UN im Wesentlichen keine Macht hat und nur appelliert, während da, wo es ums Geld geht, um ökonomische Prozesse und Eigentumsrechte, die Macht sitzt und Interessen und Beschlüsse wirkungsvoll umgesetzt werden. Z. B. über Geldflüsse (oder keine Geldflüsse) im Finanzsektor und bei der WTO mit Sanktionen und Strafzöllen. Die zukunftsfähige Lösung einer wirkungsvollen Global Governance, die jetzt zu schaffen ist, könnte in der **Integration** dieser drei Regime zu einem kohärenten Gesamtregime bestehen. Dies muss eine darüber sitzende Rechtstruktur beinhalten, die in strittigen Fällen entscheidet, welches Recht nun jeweils gilt, da sich die drei Regime z. T. wesentlich widersprechen.

Aktuell ist z. B. eine Frage, wie die Wechselwirkung der WTO mit dem Klimaregime ausgestaltet werden sollte. In Arbeiten zu diesem Thema, in die ich involviert bin, ist unsere Empfehlung, dass man im Kontext des Klimaregimes nach Kopenhagen die WTO-Fragen mit verhandelt und dass die, die das Klimaregime akzeptieren, zugleich mit Bezug auf die WTO die Möglichkeit der Etablierung korrespondierender Grenzausgleichsabgaben mit verhandeln, die im Handel mit denen gefordert werden, die sich nicht beteiligen, also ein „Free-riding" im Klimabereich anstreben. Alles spricht dafür, dass in einem Nach-Kopenhagen-System neben den Europäern auch die Amerikaner, die Japaner, Chinesen und die Inder beteiligt sein werden. In dieser Situation wird man die WTO-Mechanismen nutzen können, um Free-riding einzelner Staaten zu verhindern. Für die Thematisierung entsprechender Überlegungen in der Öffentlichkeit und im politischen Raum empfehle ich einen doppelstrategischen Ansatz[154] und die Ideenwelt der International Simultaneous Policy Organisation (http://www.simpol.org)[155].

Pascal Lamy, der WTO-Chef, hat sich übrigens schon ähnlich geäußert[156]. Denn im Zweifelsfall ist die Umweltfrage noch wichtiger als die Förderung des Welthandels. Das ist auch auf den Präambelebenen der WTO so bereits verankert. Wenn eine genügend große und starke Koalition von Staaten innerhalb der WTO in fairen, offenen internationalen Verhandlungen an dieser Stelle der Umwelt ihr Recht gibt, dann kann die WTO als Instrument des Klimaschutzes installiert werden, und dann ist Free-riding zu Lasten des Klimas nicht länger möglich.

---

[154] vgl. http://www.nachhaltigkeitsbeirat-bw.de/mainDaten/dokumente/globalisierungs gutachten_end.pdf

[155] Bunzl, J. M.: Solving Climate Change: Transforming International Politics. International Simultaneous Policy Organisation, London, 2010

[156] Lamy, Pascal: Umwelt kommt vor dem Handel. Interview, Südwestpresse, 02.12.2009

Im Prinzip ist das also alles nicht so schwierig. Die entscheidende Frage ist: wollen es die entscheidenden Akteure? Bei der Umwelt wollen sie es mittlerweile vielleicht und eher als auf der sozialen Seite. Ich sehe deshalb gute Chancen für ein Klimaregime, das in Wechselwirkung mit der WTO die Klimafrage wirkungsvoll adressiert[157]. Ob wir es auch noch hinbekommen, dass wir gleichzeitig die soziale Frage adressieren, ist aus meiner Sicht mit mehr Fragezeichen verbunden. Zuständig auf Seiten der UN wäre die ILO, die International Labour Organisation. Geht man hierzu wieder auf die WTO-Ebene, so ist die entscheidende Frage, ob der Gleichheitsbegriff von Gütern bei der WTO, der heute **nur** differenziert nach Funktion der Güte und nicht nach dem Prozess der Güterentstehung im Konsens unter den Staaten so modifiziert werden kann, dass zukünftig Prozesselemente in der Entstehung von Gütern eine Rolle spielen werden in der Gleichbehandlungsforderung der WTO.

Nur so können Nachhaltigkeitselemente in Prozessen der Güterentstehung, wie das Verbot sklavenartiger Kinderarbeit, mit Blick auf Konsumenteninformation wirkungsvoll adressiert werden. Das wird man im Konsens wohl nur erreichen können, wenn die reiche Welt **querfinanziert**, dass die ärmere Welt Standards zustimmen kann wie z. B. dem Verbot sklavenartiger Kinderarbeit. Das werden die ärmeren Länder in ihrer Wettbewerbsposition aus nachvollziehbaren Gründen wohl nur dann akzeptieren, wenn die reiche Welt querfinanziert. **Querfinanzierung** ist immer eine Schlüsselfrage für ein vernünftiges Regime, nicht anders als beim Länderfinanzausgleich in Deutschland, beim Aufbau in den neuen Bundesländern und bei den Strukturfonds der EU.

Frage 5: Was wären denn Ihre Anforderungen an international agierende Unternehmen, um zu einer ausgeglichenen Welt, zu einer balancierten Welt zu kommen. Was könnte unser Beitrag sein?

Radermacher: Ich hatte das Glück, bei Siemens an „Pictures for the Future" im Bereich Mobilität mitzuarbeiten. An sich ist die Situation für die meisten großen Unternehmen, die ja im wesentlichen Realökonomie betreiben klar, wenn man einmal von so Merkwürdigkeiten absieht wie der, dass ein Unternehmen wie Porsche plötzlich im Finanzsektor mehr Gewinn machte als Umsatz bei den Automobilien. Siemens wurde ja auch gelegentlich als große Bank mit angeschlossener Produktion bezeichnet. Diese Dominanz der Finanzseite ist eigentlich nicht im Interesse dieser Unternehmen, die starke Akteure in der Realökonomie sind. Eigentlich haben sie nämlich den Schlüssel in der Hand, durch Innovation in der Realökonomie die Wertschöpfung für die ganze Welt so weit zu steigern, das wir einmal all die Versprechen werden einlösen können, die heute im Finanzsektor über Schulden und Kredite für die Zukunft gemacht wurden.

Das natürliche Interesse von Siemens wie von Audi oder VW muss die Etablierung einer Realökonomie für zukünftig 10 Milliarden

---

[157] Radermacher, F. J.: Weltklimapolitik nach Kopenhagen – Umsetzung der neuen Potentiale. FAW/n Report, Oktober 2010

Menschen auf einem hohen Wohlstandsniveau sein. Das hat zur Folge, dass die entscheidenden Akteure alle genau das wissen, was ich ausgeführt habe: Die Welt braucht eine vernünftige Regulierung. Ich habe übrigens noch nie einen verantwortlichen Manager der genannten Unternehmen getroffen, der das nicht so sieht.

Das praktische Problem ist allerdings: Was mache ich als Unternehmen, wenn die Regulierung fehlt, meine Kunden mich aber unter Anforderungen wie Corporate Social Responsibility dazu nötigen, dass ich tue, was sich nicht rechnet, während mein Konkurrent als No-Name immer tut, was sich rechnet, aber falsch ist, es aber niemanden gibt, der den Konkurrenten so treibt wie mich. Das ist eine spietheoretische Dilemmasituation (Prisoner's Dilemma).

Diese Situation hat zunehmend zur Folge, dass große Markenunternehmen und die dort Verantwortlichen, gerade auch angesichts der Forderungen ihrer Kunden und diverser Stakeholder, hilfreiche Akteure für eine bessere Welt sind. Ich weiß, dass sich Siemens und andere schon vor Jahren zusammen mit dem damaligen britischen Premierminister Tony Blair klar dafür ausgesprochen haben, dass wir ein vernünftiges globales Klimaregime bekommen, das in langfristiger Perspektive die Knappheiten internalisiert, die im Klimabereich bestehen. Weil eine klare langfristige Orientierung auf Dauer das Beste ist für alle involvierten wirtschaftlichen Akteure, z. B. für Investoren, die Kraftwerke bauen und einen über 40 bis 50 Jahre laufenden Abschreibungszyklus haben.

Was die großen Unternehmen meiner Ansicht noch mehr tun sollten als bisher ist, all das öffentlich laut zu sagen. Es ist eine wichtige Sache, ob man sich öffentlich richtig platziert, selbst dann, wenn man im Markt vielleicht das nicht tun kann, was man fordert. Das erfordert ein doppelstrategisches Agieren. Vor der Finanzkrise war das vielleicht schwierig. Aber nach der Krise, also heute, ist nun wirklich der Moment gekommen, in dem Menschen in Verantwortung in diesem Segment sich öfter klar äußern sollten in Bezug auf das, was ansteht. Das würde der Politik helfen und das würde auch der Zivilgesellschaft helfen.

**Frage 6:** Sie sprechen von der „Brasilianisierung". Nun erleben wir ja in Brasilien, dass es mit Lula und seiner Nachfolgerin nennenswerten Bevölkerungsteilen durchaus besser geht. Müssten Sie jetzt nicht ein neues Wort einführen?

**Radermacher:** Es ist erst mal anzuerkennen, das Präsident Lula die soziale Situation in Brasilien verbessert hat, im Wesentlichen durch die sogenannte „**Bolsa Familia**", also eine Hilfe für die Ärmsten gegen die Pflicht, Kinder impfen zu lassen und zur Schule zu schicken. Man darf jetzt daraus aber nicht eine gewaltige Dimension des Wohlstandszuwachses bzw. des sozialen Ausgleichs ableiten. Misst man den sozialen Ausgleich in sogenannten Equity Zahlen, dann wären Brasilien und Südafrika weltweit Die Länder mit der höchsten sozialen Ungleichheit, die lagen etwa bei der Kennzahl 30. Die USA sind das am wenigstens ausgeglichene Land unter den wohlhabenden Ländern (Kennzahl etwa 48), die Briten liegen bei 50, die Kontinentaleuropäer bei 60, die Skandinavier liegen über 60, da geht es in Richtung 65. Dies ist der höchste realisierte Ausgleich weltweit überhaupt. Es gibt also ein Spektrum von 30 bis 65. Bei einer Balance von mehr als 65 ist ein Land zu wenig innovativ – Leistung lohnt sich nicht genug. Eine Balance in der Nähe von 30 sichert nicht die erforderlichen Ausbildungsleistungen für alle Menschen. Die Brasilianer haben sich jetzt von 30 auf vielleicht 32 verbessert, die Südafrikaner liegen immer noch bei 30, das Ziel sollte für beide Länder mindestens 50 sein.

Präsident Lula hat dennoch gerade für die Ärmsten unglaublich viel bewirkt und ich hoffe, das macht weltweite Schule, denn es hat dem ganzen Land gut getan. Und es ist ein Schritt in die richtige Richtung. Hier muss jetzt weitergearbeitet werden, auch wenn es Zeit kostet. Insofern haben Sie recht und ich habe ein Problem mit dem Wort „Brasilianisierung". Es ist aber nicht von mir, es geht auf den Soziologen Prof. Beck aus München zurück.

Sie können stattdessen das Wort „Südafrikanisierung" nehmen, aber dann denkt jeder an Apartheid, das heißt, das Wort beschreibt nicht gut genug und selbsterklärend, was gemeint ist. Sie könnten das Ganze auch eine (weltweite) Zwei-Klassen-Gesellschaft oder eine neokoloniale oder eine neofeudale Struktur nennen. Das Problem ist hier: auch das versteht keiner. „Brasilianisierung" versteht hingegen jeder sofort, obwohl es vielleicht ungerecht gegenüber Brasilien ist, das Phänomen so zu benennen, auch angesichts der soeben diskutierten Verbesserungen in den letzten Jahren. Wenn wir aber der Welt helfen, indem mehr Menschen das Problem verstehen und damit außerdem in der Sache noch befördern, worum Brasilien sich aktuell bemüht, dann ist es vielleicht aus brasilianischer Sicht hinnehmbar, dass wir von „Brasilianisierung" reden, auch wenn das nicht ganz gerecht ist.